等/来的命运
拼/来的人生

你想要的人生，是与你的努力相对等的人生。

浩宇 著

中国华侨出版社

前言 PREFACE

年轻的我们现在可能一无所有，缺资本、缺资历、缺眼光……但唯一不缺的是梦想。不管这个梦想于你是高不可攀还是遥不可及，至少现在，我们可以异想天开地"做梦"。

谁都值得拥有梦想，谁都应该拥有梦想。但在梦想与现实之间却也是隔着一条看不见岸的鸿沟，里面充满了抱怨、恐惧、懒惰、消极、挫败等吞噬你信心和激情的"毒虫"。如果你战胜不了它们，你定跨不过这道梦想与现实之沟。

面对这些，你是在此岸踯躅徘徊、消极等待，还是积极夯实跨越的本事，义无反顾地前行呢？

这本充满正能量的书，将明确地告诉你：没有等出来的美丽,只有拼出来的辉煌!当你向世界发射名为"努力"的信号时,好运就会在未来的某个时候不期而至。记住只有拼搏,才是我们跨越现实与梦想的渡桥。世界有太多这样的例子:起点并没有那么重要,重要的是如何赢在终点。

有句话说得好:当你变得足够优秀,自然会有幸运来敲门。

当然,这都需要你的付出,需要你不断增长自己的知识,去努力地工作,即使你知道这份工作也许并不尽如人意,但是努力之后,你可能会看到别有洞天的希望。有一天领导会把你叫到办公室,对你说:"现在有个新的工作职位,在上岗之前,会让你到国外培训,我想想只有你适合它,不知道此时此刻你的意见是什么。"你甚至会发现,自己曾经喜欢的对象某天早晨拿着一束花,对你说:"我等了你很久,不知道你喜不喜欢。"

是的,幸运就是这么不请自来了,但是这一切的前提是当你变得足够优秀。

当你不够强大的时候,你想要一个小小的机会都没有;当你足够优秀的时候,你的面前有一万个机会,挡都挡不住。

有梦不拼,不过一纸空谈;脚下艰难,却是直指明天。命运给予你的,无论好坏多少,皆需认真面对、坦然应对,因为等来的是命运,拼出来的才是人生。

第一章　一无所有不恐怖，一无是处才可怕

1. 可以一无所有，但不能一无是处　　003
2. 困窘，并不是上天的缘故　　005
3. 哪怕一无所有，也要永不止步　　009
4. 眼之所及，履之所至　　013
5. 内心强大的人，苦难为他开路　　017
6. 怕什么，大不了重来一次　　020
7. 把自己定位成什么，你就是什么　　023

第二章　每一粒沙，都有成为珍珠的机会

1. 过去并不代表未来　　029
2. 只要努力，一定会成功　　032
3. 挖掘你无限的潜能　　034
4. 化压力为前进的动力　　038
5. 活成理想中的自己　　043

6. 放下自己，把心归零　　　　　　　　045

7. 接受不完美，才能更完美　　　　　　048

8. 永远不要念着"如果"　　　　　　　　051

第三章　没有梦想，就没有成功

1. 展开梦想的翅膀　　　　　　　　　　057

2. 抓住离你最近的梦想　　　　　　　　059

3. 迷雾只是提醒你脚下的路　　　　　　063

4. 仰望星空，脚踏实地　　　　　　　　067

5. 实现一个个小目标　　　　　　　　　071

6. 害怕失去，不是抛弃梦想的理由　　　074

7. 别让梦想遗憾搁浅　　　　　　　　　077

第四章　奇迹源自于不可思议的信念

1. 人生的奇迹来源于坚持　　　　　　　085

2. 真正的救世主是你自己　　　　　　　088

3. 你无须仰视任何人　　　　　　　　　093

4. 让自己破茧成蝶　　　　　　　　　　096

5. 机会来了，你准备好了吗　　　　　　098

6. 心存希望，就有了坚持的理由　　　　101

7. 最好的人生，掌握在你自己手中　　　105

第五章　输不丢人，怕才丢人

1. 自己选的路，再苦再难也要走完　　111
2. 不必苛求完美　　114
3. 借助别人的脑子思考　　117
4. 人生无处不选择　　121
5. 前路不通时，不妨退一步　　125
6. 和耐心一起成长　　128
7. 学会控制你的情绪　　131

第六章　努力于当下，成就于细节

1. 智者未必成，愚者未必败　　137
2. 朝着一个方向用尽全力　　140
3. 坐等明天的人没有未来　　144
4. 惰性是最大的"黑洞"　　148
5. 养成细节思维　　151
6. 不要小看每一件小事　　155
7. 你只需做好当天的功课　　160

第七章　相信未来明亮，前路就一定有光

1. 冬天越冷，春天越近　　167
2. 困难存在的价值就是被克服　　170

3. 百转千回后，柳暗花明时　　　173
4. 历经失败才能更强大　　　176
5. 野百合也有春天　　　180
6. 假如给你三天黑暗　　　182
7. 忍耐是为了更好的遇见　　　185
8. 莫让冲动控制了你　　　187

第八章　心态决定命运

1. 千万不要放弃自己　　　193
2. 爱笑的人，运气不会太差　　　196
3. 失去什么，也别失去热情　　　200
4. 心存希望，未来就有希望　　　203
5. 得不乐，失不悲　　　205
6. 生活没有绝对的公平　　　208
7. 再苦也要笑一笑　　　211
8. 好心情就是好天气　　　214

第九章　世界这么大，你要做自己

1. 做自己命运的主人　　　221
2. 活着，是为了取悦自己　　　222
3. 给自己一个承诺　　　224

4. 坚持走自己的路　　　　　　　227

5. 方向对了，就不怕路远　　　　230

6. 要驾驭生命，不要让生命驾驭你　232

7. 耕耘好你的一亩三分地　　　　235

8. 明于选择，智于放弃　　　　　238

第十章　拼过痛过，才不枉青春一场

1. 经历过才懂得什么是幸福　　　243

2. 年轻，在于心态而不在于年龄　245

3. 青春，就应该肆意绽放　　　　247

4. 勇敢迈出你的脚步　　　　　　249

5. 微笑，是这个年纪该有的表情　253

6. 稀释一下，痛苦就会减轻　　　255

7. 梅花香自苦寒来　　　　　　　257

8. 人生，是你自己拼来的　　　　259

/ 第一章 /

一无所有不恐怖，一无是处才可怕

生于贫穷不可怕，可怕的是你丧失了改变现状和命运的进取心。

1. 可以一无所有，但不能一无是处

你可以一无所有，但不能一无是处。

我们降生的那一刻是一张白纸，日后的人生我们为它填充了不同的色彩，赋予了它不一样的内容。有人或许在想，有些人出生的时候有着好的背景，自己在起跑的时候就已经落后了，但若是有着这样怯懦的想法，你将永远追不上对方的脚步。

其实，一无所有也是一种财富，它让人产生改变命运的激情；一无所有也是一种资本，让我们拥有了无牵挂、轻装上阵的心态。当环境把你逼到了一无所有的境地，不要怕，这是一种"恩赐"，实际上就相当于给了你一把挖掘宝藏的锄头。

三个徒弟上山砍柴。师父给大徒弟带上了一把伞，以防天气有变；给了二徒弟一根拐杖，告诉他山路不好走时可以用得上；但奇怪的是师父居然没给最小的徒弟任何东西。小徒弟心有疑惑，但还是憋住了没问师父为什么。

傍晚时分，三个徒弟各自归来，都背回了两大捆柴。但带伞的大徒弟被雨淋得浑身湿透，带拐杖的二徒弟跌得满身是伤。唯独什么都没带的小徒弟安然无恙。

三人面面相觑，不知为何。

带伞的大徒弟说:"开始雨小的时候,我因为有伞,就大胆地在雨中走;当雨下大的时候,我却找不到地方躲雨,也腾不出手来撑伞,所以被淋得湿透。不过当我走在泥泞坎坷的路上时,我知道自己没有拐杖,所以走得非常小心,没摔一个跟头。"

带着拐杖的二徒弟说:"我因为有拐杖,所以对沟沟坎坎的地方毫不在意,没想到因此常常跌跤。当大雨来临的时候,我知道自己没带伞,所以尽量拣着那些能躲雨的地方走,所以没怎么被淋湿。"

听到这里,小徒弟似乎明白了:"我知道你们为什么拿伞的被淋湿了,带拐杖的跌伤了,而我却安然无恙。因为当大雨来时我躲着走,路不好走的地方我便格外小心,所以我既没淋湿也没有跌伤。"

这个故事告诉我们的就是:人生的很多失误,就在于自认为拥有可以依赖的优势,但往往这个优势会让你"死于安乐"。

许多时候,我们并不是跌倒在自己缺乏的弱项上,而是在自以为有优势、绝不会出任何问题的地方出了差错。往往,弱项和缺陷能让人保持足够的警醒,而优势则容易让人忘乎所以。在困境之中,大多数人都会下意识地千方百计寻找救命稻草。然而,心理上的依赖情结越是严重,做起事来就越会马虎。更严重的是,也许困难最终得到了解决,可我们自己却没有从中学会任何面对困难、解决问题的经验,从而在依赖中错失了一次有助于成长的好机会。可以说,拥有的东西越多,顾虑越大。相反,若一无所有,反而倒什么都能豁得出去了。

拥有的东西越多,开创新的事业时需要放弃的东西就越多,不少人就难以割舍,从而空幻想一场。

从辩证的角度看,"优势"和"劣势"是对立统一的,相互依存又相互转化。从来没有绝对的"优势",也没有绝对的"劣势"。资源丰富的地方，往往产业结构单一，经济对资源的依赖性较强，反而限制了其他产业的发展；资源缺少的地方，往往却能形成一些对资源依赖程度小的可持续发展的产业。

所以说，"一无所有"在某些时候也是一种优势。正是因为一无所有，才会有那股甩开膀子放手干的豪爽气概，有不顾一切的内在驱动力，这也是改变命运的关键之所在。

我们不要再为自己的一无所有、一穷二白而灰心叹气了，上天是公平的，它会为我们准备好意想不到的另一种"恩赐"。

2. 困窘，并不是上天的缘故

横在你面前的栏越高，你跳得也就越高。

任何人在人生路上都会遇到困难，遇到的困难非常相似，但是不同的人在困难面前却有着不同的态度，这也就决定了谁是强者、谁是弱者。

一天，枭碰见鸠。鸠说："你将去哪里啊？"

枭说："我将往东迁移。"

鸠问："为什么？"

枭答："这里的人都讨厌我的叫声，所以我才往东走。"

鸠说："你能改变你的叫声吗？不可以。你往东迁，你肯定东边的人就不会厌恶你的声音吗？"

枭在面临人们都讨厌它的叫声的困境时，选择了向东迁移，其实这就等于懦弱地选择了逃避。而最终无论枭迁徙到哪里，也都不会摆脱人们讨厌它叫声的窘境，因为它在为自己找借口，推脱责任。

当人们陷于某种困境时，周围的一切似乎都与自己为敌，这个时候，若是像枭一样躲避，解决不了任何问题，反正也没有什么可失去的，还不如努力想想怎样扭转现状实在。强者和弱者的分别正在于此。一个有勇气直面困难的人才算是勇者，才会成为强者；一个只会躲避的人永远都无法超越自己，更得不到理想中的成功。

很多人都听说过这样一个定理——跨栏定理。这个定理是由一位著名的外科医生提出来的，说的是，横在你面前的栏越高，你跳得也就越高。跨栏定理是说，一个人的成就往往取决于他所遇到的困难的程度。这位名叫阿费列德的外科医生在解剖尸体时发现一个奇怪的现象：那些患病器官并不如人们想象的那样糟；相反，在与疾病的抗争中，为了抵御病变，它们的代偿性往往要比正常的器官机能强。

真正的勇士，敢于直面淋漓的鲜血和惨淡的人生。如果遇见困境就退缩，就去找借口推脱责任，那么困境何时才能解决呢？

心理学家告诉我们：敢于直面困境的勇者，靠的不是一身蛮力，而是一种在实践中积累出的大智慧。具体问题具体分析，不要把责任推到别人身上，勇敢地拯救自己。我们不仅要有直面困境的胆魄，还必须从困境中汲取经验和教训，踩着失败的肩膀，在困境中前进。

上帝对每个人都是公平的，虽然福勒家境不好，但是他却有一个伟大的妈妈。一天，妈妈对小福勒说："福勒，我们不应该贫穷。我不愿听到你说，我们的贫穷是上帝的意愿。我们的贫穷不是由于上帝的缘故，而是因为你的父亲从来就没有产生过致富的愿望。我们的家庭中任何人都没有产生过出人头地的想法。"

妈妈的一席话让福勒受益匪浅，甚至可以说是改变了他的一生，让他彻底摆脱家庭贫穷的阴影，走向了一条成功之路。

妈妈告诉他不是因为上帝没有眷顾他们，而是因为福勒的父亲从来就没有致富的想法。于是，"我要致富"的想法深深地植根于他的内心，从此以后，他不再抱怨上帝，他觉得是自己没有努力。他记住"我要致富"的理想，只为了这个坚定的信念，他开始了自己艰辛而又坎坷的追梦之路。

一开始，为了以后经商和致富能有更多的经验，福勒在零售百货店里当了三年推销员，从最基层开始做起。在当推销员的三年里，他不断地去调查和了解市场，看看哪些商品最畅销，消费者习惯买什么样的商品，在调查的过程中，他还结识了很多顾客。就这样，慢慢地，他开始决定自己创业，并把肥皂作为经营的产品。

另一段旅程又要开始了，福勒拿着肥皂挨家挨户地进行推销。期间，他吃了不少的"闭门羹"，也受到很多的谩骂和讽刺，但是在困难面前，他仍然没有退缩，遇见问题就想着怎么解决，没有抱怨，没有寻找借口，就这样，转眼间十几年过去了，虽然家里的生活一天天改善，但他并没有想停止的意思，他想获得更大的成功。

功夫不负有心人，一次，福勒听说有一个供应肥皂的公司想要出售，他们的出价是15万美元。在这么多年的推销生涯中，他才攒了25000美元，可是他非常想买下这个公司。资金不够怎么办？而且还差很多，他想了一下："也许凭借自己这么多年推销中认识的客户和朋友，向他们借点应该可以，况且自己又赢得了不少客户的信任和赞赏。"于是，他开始行动起来，他亲自上门向这些客户求取贷款，同时靠自己的朋友支援。在几天时间里，他又筹集到了 10 万美元，还差 2 万多美元就可以达到目标了。他心急如焚，实在想不出什么办法了。

望着窗外的夜景，福勒沉默了。最后的 2 万多美元怎么办？他看着看着，突然发现，透过窗子，可以看到一束光，那里正是 61 号大街一幢大楼的一间办公室。他想这个人一定还在办公，要不然找他借这 2 万美元？没时间考虑了，他立即起身去了那间办公室。

福勒径直走向办公室，敲门之后才发现这是一个承包商事务所，里面确实有一个疲惫不堪的人在办公。福勒很勇敢地向那个疲惫不堪的人表明自己的来意，然后直截了当地问道："你想赚 1000 美元吗？"令他惊喜的是，双方很快达成了协议。

福勒兴奋极了，他终于按时拿到收购肥皂公司的合约了。很快，在他的经营下，公司迅速壮大。而后，福勒一鼓作气收购了 7 家公司，包括 4 个化妆品公司、一个袜子公司、一个标签公司和一个报社，拥有了股份和控制权。母亲的希望和福勒的梦想变成了现实！

就像福勒说过的那样："我们是贫穷的，但这并不是由于上帝的缘故，而是因为我的父亲从来没有产生过致富的愿望。在我们的家庭中，从来没有一个人想到要出人头地。"每个不凡的人一定有着常人难以比拟的坚强和勇敢，不管你面前是怎样的困难，你都应该知道拼搏总不会比现在的境遇更差。

每个人在成功道路上都要面临很多复杂的问题，无论是在困境中还是在逆境中，学会找到解决问题的方法才是最重要的。雅典奥运会上的女排决赛给全世界的人们留下了极为深刻的印象。中国女排在连输两局的不利条件下，并没有被困难和失败吓倒，也没有把责任推卸给别人，而是在教练组的带领下，重新进行部署，迅速调整状态，研究出了破敌的对策。最差的结果不过是输，不努力这个结果是注定的，努力的话也许还有扭转乾坤的可能，若是每个人都抱着这样的想法，那么每个人都能成为披荆斩棘的勇者。

3. 哪怕一无所有，也要永不止步

没有人能够一步登天，只有一点一点地向前。

无论做什么事情都要有一个循序渐进的过程，质变的飞跃离不开量变的累积。成功是一个无比漫长的过程，卓越者之所以成功，平庸者之所以失败，往往不单单取决于个人能力的高低，更在于耐心和坚持。成功者往往坚持每天进步一点点——今天比昨天进步，明天比今天又进步一点点。

每天进步一点点，听起来好像没有冲天的气魄，没有诱人的硕果，没有轰动的声势，可今天进步一点点，明天也进步一点点，持之以恒，坚持不懈，积少成多，其"水滴石穿"的力量不能小觑。

颇负盛名，被称为"传奇教练"的美国篮球教练约翰·伍登，就是坚持以"每天进步一点点"这个执教之道，引导了自己和队员们积极向上的精神面貌，从而实现了从平庸到卓越的完美蜕变。

加州大学洛杉矶分校以年薪120万美元聘请了伍登，他们希望伍登能够通过高明的训练方法，帮助球队提升战绩。但是，伍登来到球队之后，却没有什么独特的训练方法，而是对12个球员这样说道——我的训练方法和上任教练一样，但是我只有一个要求，你们可不可以每天投篮进步一点点，传球进步一点点，抢断进步一点点，抢篮板进步一点点，远投进步一点点，每个方面都能进步一点点？只要进步一点点，我就会为你们鼓掌。球员们一听，都认为这太容易做到了。

得知是这样的训练方法，负责人在心里捏了一把汗。不过，很快他就改变了自己的态度，他不得不佩服起伍登来。因为在新赛季的比赛中，加州大学洛杉矶分校球队大败其他球队，取得了夸张的八十八场连胜，七次蝉联全国总冠军。

有记者采访伍登时，问道："伍登教练，你被大家公认为有史以来最称职的篮球教练之一。请问，你是如何做到的？"

"很简单。"伍登很愉快地回答，"每天我在睡觉以前，都会提起精神告诉自己：我今天的表现非常好，而且明天的表现会更好。这样不断地对自己进行肯定，自然就能越做越好。我想，队员们和我一样。"

"就这么简单吗？"记者有些不敢相信。

伍登坚定地回答："听起来很简单，但是又不简单。要知道，这句话我可是坚持了二十年之久！重点和简单与否没关系，关键就在于你有没有持续去做，如果无法持之以恒，就算是长篇大论也没有帮助。"

……

每天进步一点点，伍登带领自己的球队取得了一次次的胜利，同样，面对工作和生活中的种种挑战，我们都无须寄希望自己能一步登天，而应该牢记"每天进步1%"的理念，每天问问自己："今天，我又学到了什么？""今天有没有进步和提高？""今天哪里可以做得更好？"……坚持踏踏实实地前进，坚持每天都学习，每天都进步，那么日积月累之后的效果将是惊人的。

没有人能够一步登天，只有一点一点地向前。比起实际行动，决心这个前提也尤为重要。如果没有必胜的决心，就很难在以后的日子里坚持下去。

克林斯曼曾是德国足球队的主力前锋，他是一直深受广大球迷喜欢的球星之一，被称为"金色轰炸机"。当记者采访他是如何能够保持状态并一直取得成功时，他很感慨地说："我不是天赋异禀的球员，论天赋，我不如马拉多纳；论身体，我不如贝利。不过这些都不重要，因为我有一颗上进的心。每次比赛后，我总会问自己还能踢得更好些吗？或是哪些地方是我的不足？……"

相信一点：你能在现有的基础上做得更好。

王小莉身材瘦小，貌不惊人，而且只有大专文化水平，却有幸在一家较有名气的外资企业任文员。刚进公司那段日子是最难熬的，老板只把王小莉当成个只会干杂事的小职员，不停地派些零七八碎的事情让她做，从来没有表扬过她。王小莉自知自己学历低、经验少，但她不允许自己的人生这样"惨淡"，于是她除了把工作做得周到细致外，她不断地学习，只要有空就认真翻阅琢磨自己所能见到的各种文件，她坚定地相信："只要我每天多学习一项业务，我就是好样的，有一点进步就是胜利。"王小莉就这样不断地激励自己，一年后她对公司的业务可以说了如指掌，她的自信心也强大起来了，这为她进入通畅的良性工作循环状况做了坚实的准备。

王小莉的自信和专业，让老板刮目相看，不久就提拔她做了秘书，负责公司的日常事务。秘书工作需要协调各部门的资源，帮助老板处理很多的问题，还有很多事情要学，这一切都是她之前没有接触过的，怎么办呢？于是，王小莉又报考了职业培训班，风雨不误，她每天都会鼓励自己:"今天我又学到了新知识,我是好样的,我会越来越棒的,我也相信我的职场之路会越走越宽广的。"

事实上,不断进步的过程就是一个不断肯定自我的过程。今天进步一点点,明天也进步一点点,不断地对自己进行肯定,你就能积累一种超凡的技巧与能力,获得强大的内心力量,获得更多的资源和平台,从而进入卓越者的行列。

成功不是偶然的,是要付出努力的。恰如烧水,99℃的热水和100℃的开水就不一样。只差1℃也是没开,这不是因为天气太冷,而是火候未到。没有成功,一定是量的累积不够,没有量的变化哪有质的飞跃?

人生是一个追求比昨天更卓越的过程,若想成为优秀的人、卓越的人,你就要牢记"只要努力就值得肯定,有一点进步就是胜利"的理念,哪怕是1%的进步也要肯定自己。坚持下去,不仅能彰显自己积极进取的美德,而且能积累一种超凡的技巧与能力,使自己具有更强大的生存力量。

4.眼之所及,履之所至

实现梦想不是最困难的,困难的是找到自己的梦想,并为之努力。

有人说,梦想很丰满,但现实很骨感。大部分的梦想都非常远大,没有人不愿意站在顶端俯瞰这个世界,而为了梦想付出一切的人也不在少数,但可惜的是真正能够站在顶端的人实在太少了。是能力不足,还是不够努力?

其实,梦想就是我们眼中的一个目标。在人的一生中,人们会遇到各种各样的阻碍,所以梦想也随着时间的累积而变得遥遥无期。要知道,努力了,总会接近梦想;不努力,将一事无成。

拿破仑说过,不想成为将军的士兵不是个好士兵。如果只看着眼前,那么就谈不到梦想,只有清楚自己前行的方向,才能在属于自己的路上走出精彩的人生。如果不知道自己要做什么,那么只能落后于人。

从前有两名泥瓦匠,他们总是在一起工作。其中一名泥瓦匠每天都快乐地工作,因为他有一个梦想,他认为他不会一辈子只做泥瓦匠,他坚信这只是一个开始,他一定能够达成自己的梦想,想到这些他每天的工作就变成了他进步的空间,所以他每天都过得非常充实而快乐。

另一名泥瓦匠正好相反,他厌恶泥瓦匠这个工作,因为这个工作让他觉得辛苦,而且没有高收入,还要弄得浑身脏兮兮。他之所以成为泥瓦匠是因为他有一个泥瓦匠的父亲，他从来没有想过自己的未来，他的父亲传授他这门手艺所以他顺理成章地成了一名泥瓦匠。看到另一名泥瓦匠每天开心地工作他非常不理解，他真不清楚砌墙工作当中有什么值得开心的事情。

于是这名泥瓦匠问他的同伴："你每天为什么工作时还那么快乐呢？工作不累吗？当一名泥瓦匠有什么可开心的。"

"你工作得不开心吗？"

"工作有什么值得开心的。"

"想到梦想就开心了啊，你没有梦想吗？"

泥瓦匠嗤笑同伴说："啊，梦想这东西啊，我小的时候梦想成为地产大亨，但是我现在却做了泥瓦匠。你见过泥瓦匠还痴心妄想成为地产大亨的吗？"

泥瓦匠的同伴思考了一会儿，说："你觉得咱们现在在干什么？"

"砌墙。"

"错了，咱们正在建造一座非常美丽的剧院。"

泥瓦匠觉得自己的同伴有些自命清高，不想再继续和他说话，而是继续抱怨着工作了。多年之后，回答砌墙的泥瓦匠仍然在砌墙，而他的同伴则成了一个有名的建筑师，很多知名的建筑都出自他的手，也因此而被世人熟知。

同样的起点，却是不同的终点，因为其中一个人只看到了自己的眼前，认为这就代表着自己的未来，丢弃了自己的梦想，而另一个人则有着远大的理想抱负。现实生活当中，我们有时难免会出现泥瓦匠的想法，为了工作而工作，并没有想过要在自己的工作岗位上有所作为，如果这样想，那么只能碌碌无为地度过一生。

我们将自己困在眼前自然难以有所突破，梦想也被限制，只想登上土坡就满足的人无法登上高峰，唯有站在自己的位置抬头看，才能看到自己的渺小，才能知道自己未来发展的空间有多大，如果惧怕前路，那么就只能在原地止步不前。

我们缺乏的往往不是能力，而是梦想。无论梦想有多么遥远，都有实现的可能，但是没有了进取心，那么自然一切也只能成为泡影。成功的方法有很多种，人们所欠缺的并非方法，而是成就梦想的进取心。

法国的前五十名富豪中有一个非常年轻的人，就是巴拉昂，他成为传奇不仅仅是因为他的年轻，而是因为他只用了十年的时间就累积了足以跻身五十位富豪之中的财富。

巴拉昂最初只是一个普通的推销员，生活非常穷困，只能靠推销肖像画谋生。后来的十年之中，他通过拼搏成了媒体大亨。在他即将辞世的时候，他再一次成为人们的焦点，因为他留下了一份非常特别的遗嘱。在遗嘱之中，除了将自己的财富捐献之外，还有100万法郎的特别奖励。

之所以说这项奖励特别，是因为这项奖励要给一个能够解出巴拉昂提出的问题的人。他的问题说起来简单，却又非常复杂，问题就是穷人最缺少的是什么。他将这个问题的答案放在了银行的一个保险箱之内，他将钥匙交给了他的两名代理人。他在遗嘱中提到，他曾经非常穷困潦倒，之所以能够成为富人，是因为他找到了成为富人的秘诀，在他即将辞世之时，这个秘诀他希望能够留给后人。

在巴拉昂去世之后，他的遗嘱被各大报纸杂志纷纷刊登，人们也纷纷猜想问题的答案。大家都在寻找能够回答出问题的人。没多久，报社就收到了从四面八方邮寄过来的各种答案。有人回答是金钱，因为穷人正因为没钱所以才成为穷人，有的人回答是别人的关爱，还有人回答是机遇……各种各样的答案都没能领走那100万法郎的奖励。

最终得到奖励的是一个小女孩，她的答案非常简单，和巴拉昂的秘诀一样，就是进取心。

梦想需要进取心才能够成就，没有进取心，一切都只能成为泡影。巴拉昂之所以成为富人，不是因为别人提供给他资金，而是因为他有着成为富人的进取。现实生活当中，在我们抱怨眼前生活不公的时候，是否想过是因为自己对梦想的渴求不够？机会是人创造的，财富是靠积累的，首先要在自己的心中树立梦想，现实才会给自己开路。

眼之所及，履之所至。实现梦想不是最困难的，困难的是找到自己的梦想。为了工作而工作，为了生活而生活，一生将注定无所作为。梦想需要创造，进取心就是梦想，只要敢想，只要想得远，自己就能够为了实现梦想而付出相应的努力，总有一天会站在自己的梦想面前，即便最终现实和梦想有所差距，你也会发现，自己已经站到了一个不曾到达的高度。

5. 内心强大的人，苦难为他开路

人生本就一无所有，只有拼搏才能得到一切。

钢铁，钢是由铁锻造，却已不是铁了。百炼成钢，没有经过无数次的敲打、锻造，铁永远只能是廉价的东西。这就像是我们人一样，不经过磨砺，永远无法成就大事。就算有成就大事的机会，也不会有成就大事的气魄。

太把苦难当回事，生活中就只能看见痛苦；内心强大的人在困难面前百折不挠，最终就连挫折和苦难都会为他开路。

人生总有痛苦和磨难，熬过一次容易，次次熬过不易，也正是如此，很多人在前行的路上倒下了，因为被困难折磨够了，难以坚持了。一时的勇气谁都有，一时的勇气不能算勇敢，唯有持久的勇气、坚定不移的信心，才能让自己一路披荆斩棘。

或许你哀叹自己的人生太平凡，想要翻身却有太多的阻碍。可是看看那些成功者的人生，你还有什么好抱怨的呢？有人会说自己缺少资本，可资本是什么？健康的体魄就是资本，坚定不移的信心就是资本……人生本就一无所有，只有拼搏才能得到一切，没有资本不是问题，不肯自己创造资本才是问题。

伟人能忍常人所不能忍，所以才成就了伟业，你能经得起生活的反复折磨，你才能成就伟业。即便你没能站在世界顶端，也能培养出强大的内心，让你未来的路上不惧任何挫折。

没人不知林肯的大名，他是美国历史上颇有作为的一位总统。人们时常缅怀他，铭记着他做出的那些贡献。可是在他成为总统之前，也是经历了一番挫折的。

1832年那一年，林肯失业了。对于任何一个社会人而言，失业都是一个不小的打击。可林肯并不这样认为，虽然伤心，但他也相信这是人生的一个转折点，所以他选择了从政。当然，事情并没有他想的那么容易，在州议员竞选的过程中他失败了。就这样，一年之内他就遭受了双重打击。

政途受阻，林肯只得下海经商，可他似乎不是一块经商的料子，短短一年的时间，他的公司就倒闭了。为了这一次的失败，他经受了整整十七年的折磨。因为在之后的十七年里，他一直在为公司倒闭的欠债而四处奔波。

经商失败让林肯确定了自己从政的信念，于是他又参加了州议员的竞选，这次幸运女神似乎眷顾了他，给了他人生第一个转机——他竞选成功了。

在事业成功的同时，爱情也悄然而至——林肯遇到了想要相伴一生的女人，然而，幸运女神并没有在他身边过多驻足，或者是认为他拥有的太多了，所以在结婚前的几个月，她带走了林肯挚爱的女人的性命。

这种打击对于林肯而言实在是太大了，人生可以改变，但逝去的生命是永远无法挽回的。被绝望吞噬的林肯病倒了，几个月的时间都卧床不起，还患上了严重的神经衰弱。

林肯给了自己沉淀的时间，却不准备让自己就这样沉沦下去。在1838年，身体好转一些的他再次参加竞选，这次他想要参选州议会的会长，不过命运并没有因为可怜而眷顾他，他依旧失败了……可林肯是经历过大风大浪的人，他相信，任何一次失败都无法将他打倒，都是他继续奋进的理由。未来的自己只有被真正的打倒，或者是真正的成功！

之后，他经历了无数次失败。

1843年，林肯参选国会议员，以失败告终；1846年，林肯二次参选国会议员，虽然成功，但两年任期过后在争取连任时失败，这次失败还让本不富裕的他赔付了一大笔钱；之后，他参选本州土地官员，落选，甚至还遭到了别人的奚落；1854年，林肯竞选参议员失败；1856年林肯竞选副总统被对手击败；1858年竞选参议员失败……

命运就像和他开玩笑一样，11次竞选中9次失败，可林肯从未倒下，最终，在1860年他终于守得云开见月明，成为美国的最高领导人。

林肯之所以青史留名，不是因为他的成就有多大，而是因为他战胜了生活中接连不断的打击和磨难。不断被击倒，之后又不断站起来的勇气不是所有人都能够拥有的。

如果给你林肯那样起伏跌宕的人生，你是否有勇气接受呢？铁矿石深藏山中，不经挖掘永远只是石头，经过提炼成了生铁，这个提炼的过程就好比我们接受教育的过程，这是大部分人都有的机会，但是否能成钢，就看个人的造化了。

想要成为了不起的人，就要经受一般人难以经受的磨难，有着比任何人都强烈的信念和内心，这样的人一定无往不胜，在任何情况下都能笑对人生，走出辉煌的人生路。

6. 怕什么，大不了重来一次

真正的强者从来都不是天生就拥有超凡的能力，

而是因为具有百折不挠的毅力和勇气。

恐惧是一种情绪，每个人都有，但恐惧也不仅仅是一种情绪，有的人经历过后就算了，而有的人却将恐惧转化成了心理的阴影，惧怕一切，躲避一切，最终勇气被恐惧吞噬，没有胆量去做任何事。

实际上，恐惧并不会因为你的躲避而离开，相反它会时时找上门，打压你、恐吓你，让你无所遁形，无从前进。但若是你无视它，用勇气迎接它，那么你们的立场就转变了，恐惧最终会被你压制。

恐惧的特征就像是一种尚未来临的危机，它往往寄生于尚未触摸到的将来中，往往人们对危险的惧怕要比危险本身更可怕。如果我们无法从自己内心中真正克服恐惧，那么这个阴影就会一直跟着我们，变成一个怎么也无法摆脱的噩梦。

这就好比对失败的恐惧一样，只是这样的恐惧除了来源于失败，同样也来源于其他方面。

这是一个与世隔绝的小村庄，生活在这里的人祖祖辈辈都没有离开过这里，也从来都不了解外面的世界到底是怎样的。原来，村里唯一和外界联系的道路，被一只凶残巨大的怪物占据着。村里流传着一句告诫就是：无论如何都不要靠近怪物，要不然只有死路一条。

在保罗还是一个小孩子的时候，就常常会听到祖母的告诫："千万不要去靠近山里的出口，那里有着一个可怕的怪物。"然而随着年龄的增长，已经长成一个健壮小伙子的保罗却对外面的世界愈发好奇和向往，他开始一次次地计划着如何去打败那只怪物。

保罗练就技艺超群的箭法，就算是村里的老猎手也比不上他。保罗觉得自己完全可以打败那只怪物了，但是他的这个想法却遭到了全村人的反对，他们觉得一直以来，大家都和怪兽相安无事，保罗如果去挑战怪兽，势必会被怪物吃掉。

大家的阻拦并没有让保罗放弃，他还是想要去试一下。于是，等到了天黑以后，保罗趁着大家熟睡的时候，悄悄地带着弓箭出发了。

在快要到达山口的时候，保罗感到十分地紧张，他看到远处有个巨大的影子在不停地晃动，而且样子看起来非常凶猛。保罗的心里开始有点害怕了，但是转念一想，既然已经来了，无论如何都要试一下，于是，他勇敢地朝着怪兽走去。

可是，当保罗接近怪兽的时候却呆住了，原来所谓的怪兽只不过是一只蜥蜴而已。

因为村里流传下来的告诫："千万不要接近怪物，否则必死无疑。"也因此村里的人从没有走出过大山。这是因为村里人对"怪物"无比恐惧的心理，后来因为保罗的勇敢才揭开了这困扰了祖祖辈辈的怪兽的真面目，只是一只蜥蜴而已。从此以后，村里的人也终于可以走出大山了。

生活中同样也是如此，知难而进是一种精神，如果只是因为听说，或者在模糊的印象中将"对手"无限扩大化，继而犹豫和恐惧感将会使自己备受困扰。

我们不妨再来看一位资深滑雪教练的授课心得：

我在教学员们滑雪的时候，有很多从来没有穿过滑雪板的人总是害怕自己从高坡上冲下去的时候，会因为速度过快而无法停止，或者害怕因此而摔倒。他们总是不停地在自己的脑海中想象着各种各样的可怕场面，因而形成了一种对滑雪的恐惧。到后来，他们就真的不敢滑雪了。通常这个时候，我帮助学员们克服恐惧的方法非常简单，就是我亲自去实践他们脑海中的恐惧场景，并要求那些初学者在一旁观看整个实践的过程。也就是说，如果有人害怕速度太快而无法停止，我就会向他们演示在什么情况下是没办法停止的。最后再演示如何做就可以停止下来。

　　这样一来，通过别人的演示而重现恐惧，我们就会明白所谓的恐惧其实只是我们自己想象出来的。实际上，那些事物本身并没有我们想象中那么复杂。只有通过实际行动才能改变人们的思维，也就是所谓的"直接面对"。

　　滑雪教练的心得告诉我们，大多数时候，人们的恐惧是因为自身的弱小而产生的。因为弱小，就会让人感到不安全，并进一步产生恐惧。

　　所以多半的人都会选择逃避。但是要知道逃避并不能将恐惧消灭掉，它总会在不经意的时候跑出来困扰你，让你夜不能寐、食之无味。如果你愿意尝试去直面恐惧，你就会发现不一样的自己。

　　在恐惧面前，你应该正视自己，增强自己的信心，沉着去面对，这才是人生。而想要获得生命中美好的一切，首先要做的就是准备，而不是心生畏惧。成功路上会有无数的荆棘，若是你连基本的勇气都没有，不要说成功了，前进都是不可能的事情。真正的强者从来都不是天生就拥有超凡的能力，而是因为他们具有百折不挠的毅力和勇气。如果不想做一个懦弱的人，就勇敢地面对一切。

7. 把自己定位成什么，你就是什么

你的能力，往往来自于自己的评价。

自信心是成功者获得成功的重要因素之一。爱默生曾经说过："自信是成功的又一秘诀。我不敢说凡是具有自信心的人都能够成才，但我相信一个成才的人一定具有百战不殆的自信心。"从古至今，但凡是取得成就的人，必然是拥有着强烈自信的人。

信心对于一个人来说就是照亮自己前行的火把。一个对自己都没有信心的人是不会得到他人尊重的，试想一下，如果一个人对自己都没有信心，那么他人又怎么会对你有更高的期望呢？

古时候，有一个学生十分不自信，老是觉得自己又笨又傻，因此，不管做什么都是畏首畏尾的。有一天，老师给了他一块石头，让他去菜市场把这块石头卖掉。

这块石头很大，外形也非常美观。临走之前，老师对他说："你要记着一点，我只是让你试着去卖掉它，而不是要你真的去卖掉它。要学会观察，多问一些人，然后再回来告诉我它在菜市场上可以卖到多少价钱。"

在菜市场上，很多人在看到这块石头以后，都想着：可以买回家给孩子玩、可以买回家当作摆设、可以买回家仔细观赏一下。于是，他们纷纷出价，但只是几个小硬币的价格而已。后来，学生回去告诉老师，

说:"老师,这块石头不值钱,只值几个小硬币。"老师听完之后,笑了笑说:"你明天带着这块石头再去黄金市场一趟,问一下那里的人肯出多少价钱。当然,不管他们出多少价钱,你都不可以卖掉它。"

学生从黄金市场回来以后,十分兴奋地对老师说:"太不可思议了!有人居然愿意出 2000 元来买这块石头!"

老师听完以后,又让学生带着这块石头去珠宝市场问价。结果,让学生感到意外的是,居然有人肯出 6 万元的价格来购买这块石头。他们见他怎么也不肯卖,便一再提高价格,甚至有人出到 10 万元的高价,他也坚持不肯卖。于是有的人就愤怒了,说:"我出 40 万元的价格,你到底卖不卖?或者你说个价格,我都愿意买!"尽管如此,学生仍然坚持不肯卖。最后,前来加价的人居然越来越多。

学生从珠宝市场回来以后,对老师说:"那些人似乎都疯了,他们居然出那么高的价格来购买这块普通的石头!"

老师微微一笑,拿回学生手中的石头,然后意味深长地说:"你把自己定位成什么,那么结果就会是什么;如果连你自己都不敢相信自己,你的价值就只会像这块石头在菜市场上的价钱一样。"

这个故事告诉我们:只要肯相信自己,就会找到自己前进的方向,就会发现自己的优点和特长,生活也才会变得更加丰富多彩。若是这个学生不曾四处去询问,在菜市场卖出了这块石头,那么它将永远只是一块石头。

我们也是如此,你若是以一块石头的姿态在市场等待,那么你将不会有发光的机会。你应该相信自己是一块宝石,跻身于珠宝市场,这样即便你不是真的宝石,也会在环境中不断磨炼,变成真的宝石。其实,在世人眼中,你的能力往往来自于自己的评价。你觉得自己是强大的巨人，那么在别人眼中你就不可侵犯；若是你自己觉得自己很弱，那么就不能责怪这个世界打压你。

电视剧《亮剑》的主人公李云龙曾经说过这样一句话："面对强大的敌手，明知不敌也要毅然亮剑。即使倒下，也要成为一座山、一道岭。"这也正是这位"战无不胜、攻无不克"的常胜将军一生的写照，也是激励了很多人的铿锵话语。

在平安县的战场上，山本率领着他的一支部队突袭了李云龙的指挥所，整个赵家峪的百姓全都被杀害了，就连赵政委也受伤了。面对着敌人的凶残和各种先进武器，李云龙没有一丁点的退缩。来到安全地区以后，李云龙立即下令让各营、连、排迅速归队，准备攻打平安县。最后，山本抓来李云龙的新婚妻子秀芹作为人质，然而，李云龙却毅然决然地放下了儿女情长，用土炮去攻打城门，最终攻下了平安县城。

李云龙用自己的实际行动诠释了亮剑精神，面对敌人时，他毫不退缩，勇于拼搏，并靠着这种精神赢得了一次次的胜利。

"剑锋所指，所向披靡"，这是何等的气魄！只有勇者才敢于在面对艰难困苦时说出此等决绝之语、做出这般惊天之举。当我们直面困难时，就是要直接与它交锋，并采取适时的战略战术与之交战，冲破阻碍，踏过羁绊，最终获得光明。

在人生的道路上呢？我们是否也有这样的亮剑精神？人生就像一个战场，当需要战斗的时候，你是否想过临阵脱逃，是否想过退缩撤退呢？

有时候并不是没有路，其实路就在眼前，只是你不知道该如何走下去。你常想是否有些什么东西遗落了，可当你转身转了一圈，四周却一片空旷，你遗失的只是你自己。

著名诗人食指写下这样的诗:"当蜘蛛网无情地查封了我的炉台,当灰烬的余烟叹息着贫困的悲哀,我依然固执地铺平失望的灰烬,用美丽的雪花写下:相信未来!"这告诉我们:无论你处在多么艰苦、多么绝望、多么无奈的环境下,只要心之所向,有无畏的精神,并且坚持不懈地努力,始终相信未来,终会有所收获。

我们在遇到困难时绝不应逃避,而应直面困难,最终克服。

我们必须知道,困难是客观存在的,它并不以人的意志为转移,所以,请坚定地相信自己,并大胆地迎接挑战吧。

要相信自己,手中的天地是由自己创造;要相信自己,超越自己后将会第一。任何成功都需要努力,只有拼搏才能取得胜利。在挥汗如雨的时候,要相信自己一定能取得最后的胜利。相信自己,这是对自己最好的安慰;相信自己,这是对自己最好的奖励。

/ 第二章 /

每一粒沙，都有成为珍珠的机会

> 人生就像一场马拉松，如果在起点的时候你比别人落后，那也不用气馁，你要做的是想尽办法，使自己赢在终点。真正的精彩，都是在终点的绽放。

1. 过去并不代表未来

人们把自己想得太伟大时，正足以显示其本身的渺小。

人生是一步步走出来的，这一步的失意不代表下一步的失败，同样地，这一步的得意也不能代表下一步的辉煌。然而总有一些人，喜欢把过去的辉煌总放在嘴边。其实，让我们为之得意的成就只能代表过去，而不是时时拿来炫耀的资本。

一个人如果自以为有了许多成就而止步不前，那么他的失败就在眼前了。许多人一开始奋斗得十分起劲，但前途稍露光明后，便自鸣得意起来，于是失败立刻接踵而来。

诚然，有了一些成绩，我们都会不可避免地产生得意心理，但是，如果让得意常驻心间，就会慢慢腐蚀我们的心灵，时间一长，各种副作用就会接踵而来。

一位商界名人说过："当别人都把你当作英雄的时候，你千万不能把自己当作英雄。"是的，因为没有人会一辈子是英雄，最辉煌的时候，往往也是最危险的时候。倘若被眼前的光辉所蒙蔽，自认为自己的能力不错，没有任何困难能够阻挡得住你，那么事实就会告诉你：你的想法是错误的。

所以，如果你现在正在享受着成功的喜悦，那么请你不要骄傲，也不要沉醉，因为同样有很多名人曾有过与你相同的境遇，并且他们之后，很难再取得像之前那样辉煌的成就，甚至有的人，因为骄傲让自己损失惨重。因此，可以说，人生中最重要的，不是我们现在在什么地方，拥有什么样的条件，而是我们正在朝着什么方向迈进，在做出什么样的努力！

其实每个人的成功都是可以延续下去的，只要能够清除那些傲慢、得意的病菌，就仍然可以让你的成就和荣耀延续下去。

有这样一句话："虚怀若谷，求知若渴。"得意之时，我们要淡定从容，并主动放下自己的辉煌。这样，我们就能够更清晰地认识自我，能客观地看到优点和不足，心灵空间也会随之变大，获得更多的成功。

餐桌上，一个父亲和朋友们谈兴正浓。父亲突然自豪地对众人说："我只有一个女儿，我的女儿可了不起了。"说罢，转头又对自己的女儿说："去把你的证书拿来，给叔叔们看看。"

女儿三步并作两步跑回书房，拿起那一摞"整装待命"的证书，拿出去交给自己的父亲。父亲接过证书之后，就一一打开并对众人解说：这个是三好学生的证书，这个是钢琴九级的证书，这个是……

介绍完了之后，女儿就像明星被隆重推出一样，听众们都啧啧称赞，有的对女孩儿报以赞赏的笑容，有的竖起大拇指说："真行！这孩子真不错！""比我们家那孩子强多了！""这孩子这么聪明，肯定像她父亲。"溢美之词让小女孩有些害羞，但更多的是骄傲。

但是当证书传到一个旁观者的手里时，这个人并没有像其他人一样开口赞扬，而是若有所思地说："这是你以前得的吧？"声音很平静。

"是的。"小女孩回答。

"那现在的呢？"此人语调仍很平静。

"现在的？"小女孩一愣，想了想说，"没有。"

"小姑娘，过去的都已经过去了，一定要把握现在呀！"这人意味深长地说。

小女孩和她父亲听了这一番话，觉得非常惭愧。

成功是值得开心、值得回味的，但人总要向前看，不能一直停留在过去。时光不等人，你通过拼搏才有了今天这样骄人的成绩，若是你不懂得巩固自己的成就，不懂得向着更高的目标努力，那么最终你将会失去一切，你的成功也不过是镜花水月，只能供你回忆罢了。

"人外有人，天外有天。"曾经的胜利，曾经的辉煌，就让它留在心底，闲来无事，偶尔拿出来安慰一下自己，没有什么不可以的，但万不可把它当成永远的荣耀，故步自封。大文豪王尔德曾说："人们把自己想得太伟大时，正足以显示其本身的渺小。"一个真正的智者，是不会原地踏步，而是力求百尺竿头，更进一步。

一个人如果总是沉浸在过去的得意之中，就不能发现自我、挑战自我和超越自我。其实，我们每个人都有属于自己的一份精彩，但在人生的路上前行，难免会碰到一些令自己痛苦的、迷茫的、彷徨的事情，如果你不能超越，只是沉溺于过去的辉煌中寻找慰藉，就会迷失方向。不如把它们当成自我的一种挑战，战胜了这些，你就开辟了人生的新篇章。

2. 只要努力，一定会成功

即使是天才，不努力最终也会一无所成。

有一句话我们不会陌生："活到老，学到老。"这句话的意思就是，无论我们身处何种境地，都必须不断地学习。无论是刚刚走出校门的毕业生，还是已经磨炼了一段时间的职场中人，为了不断提高自己的竞争力，都要去进一步学习。就像一台电脑，必须不断升级，才能跟得上时代；否则，我们就会因为无法运行某个软件，在职场、事业之路上死机。

我们生来就像是一个裸机，什么配置都没有，但是在日后，我们会通过学习不断充实自己。先天条件我们无法改变，但若是经过一段时间后你仍在原地踏步，那么你就该反思自己了。因为在这段时间，你没有为自己注入新的东西。

现如今的社会是学习型社会，无论你身处哪个年龄阶层，学习能力都是不可或缺的，面对着时刻改变的环境，如果不能更新自己，那么你只能被甩到队尾，甚至面临着淘汰！不管你生活怎样繁忙，已经获得了怎样的成绩，都要知道，学习，是必须要坚持的。

学习是每个人的必修课，没有人可以例外。尤其是在工作中，我们更应该主动去学习，这样才能在竞争激烈的环境中胜出，取得优异的成绩。就如本田宗一郎，他的成功，就在于不断提升自己。

发迹前的本田宗一郎，曾在一家自行车修理厂做学徒工。他勤奋好学，很快就开了一家属于自己的自行车修理店。一晃八年过去了，他的自行车修理店越来越大，不过他并没有沉溺于享受，而是开始了新的学习。

为了提高自己的竞争力，本田宗一郎开始学习摩托车修理。与自行车相比，摩托车复杂了许多，但他并没有打退堂鼓，而是在业余时间不断钻研，不断提高自己的能力。

渐渐地，本田宗一郎感觉自己的技术有了明显提高，于是，他开着自己的改装车参加了摩托车大赛。他发现，自己的车是性能最好的，因此他理所当然地赢得了比赛。

这件事，给本田宗一郎带来了很深的感触。他自觉才疏学浅，他又专程跑到汽车专科学校去做旁听生，只学知识，不要学位。从汽车专科学校学成之后，本田宗一郎成立了东海精机公司，后来改为本田技研株式会社，自任社长。

为了进一步学习，本田宗一郎将公司交给助手，来到欧美进行考察，并不惜血本买下所有先进的摩托车，回日本后拆开细心研究。不到三年，本田技研株式会社生产的本田牌摩托车已超过了欧美的那些知名摩托车品牌，成为世界范围内最受消费者欢迎的摩托车品牌。

按说，本田宗一郎到了可以享受的时候，但是他还不满足，决定进军汽车行业。1936年，第一部本田汽车被制造了出来。其后，本田以赶超福特为目标，向世界一流汽车生产商学习先进技术，博采众家之长，推出了既省油又美观大方的新型汽车。

相比于如今高学历的人，本田宗一郎的起点不高，他没上过一天大学，只是一名小小的修理工。但是，这并不代表着他不能超越那些条件优于他的人，因为他能够不间断地学习。从确定了目标的第一天开始，他就开始了持之以恒的学习，先是摩托，后是汽车，在全球范围内不断寻找学习对象，最终超越了强大的竞争对手，达到了人生的顶点。

学习并不意味着上各种各样的培训班，实际上，学习的机会有很多。比如在工作中历练，在生活中发现，都是一个学习的过程。我们身边的每个人都有值得我们学习的优点，在这个信息爆炸的年代，我们处处都能发现机遇。那些为自己找理由不学习的人只是因为懒惰，若想成功，人们会尽可能地去创造学习的机会。即使是天才，不努力最终也会一无所成，就像年少成名而老来平庸的方仲永那样。只有将时间放在学习上，这样你才有成功的可能。

想要成功，仅仅凭借着先天条件是不够的，我们必须自主地付出努力，这样你才有可能超越那些领先的人，才有可能在激烈的竞争当中脱颖而出，才能创造奇迹，远离一无所成、一无是处的窘境。

3. 挖掘你无限的潜能

每个人都具有潜能，它就像一座大金矿，蕴藏着无穷的力量和动力。

一个人的能力极限在哪里？恐怕这个问题没人能回答上来，因为人们有着一种特殊的能力——潜能。这种能力可以说是我们的，但并不属于我们。为什么这样说呢？举个例子好了，潜能就像是自家土地下深埋的金子，虽然它在自家地下，但不去挖掘，这种东西就不能说是你的。

看看周围的人吧，有多少人总是抱怨自己不堪重负，其实这些人不是不能承受这些压力，而是不想去面对这些。成功人士哪一个不比我们遇到的困难多？哪一个不比我们的压力大？但他们仍旧能够坚持走下去。说到底，是因为他们开发了自己的潜能，提升了自己的能力。

在新闻当中，曾说过有个孩子情急之下为了救母搬动了汽车，在众人看来这简直不可思议，但奇迹就这样发生了，因为在关键时刻，男孩渴求救母的欲望化成了一种无坚不摧的能量。每个人都有可能创造奇迹，只要你能够豁出去，选择拼搏。

小山真美子是日本札幌市的一位年轻妈妈，她天生身材矮小。一天，她正在楼下晒衣服，突然看到她4岁的儿子从8层的家里掉了下来，马上就要跌落在地上。

见状，小山真美子飞快地奔过去，赶在孩子落地之前将孩子接在了怀里，结果，她和儿子只受了一点轻伤。

该则消息很快就在《读卖新闻》发表，日本盛田俱乐部的一位法籍田径教练布雷默对此非常感兴趣。这是由于他按照报纸上刊出的示意图，仔细计算了一下，从20米外的地方跑过来接住从25.6米的高处落下的物体，一个人必须跑出约每秒9.65米的速度才能到达，就是在短跑比赛中，这个速度也是没有人可以达到的！

后来，布雷默就专门为这件事找到了小山真美子，问她那天是怎样跑得那么快的。小山真美子回答道："是对孩子的爱，因为我不能看着他受到伤害！"于是，布雷默得出了一个结论：实际上，人的潜力是没有极限的，只要你拥有一个足够强烈的动机就能将潜能挖出来！

回到法国以后，布雷默专门成立了一家"小山田径俱乐部"，以此激励运动员要很好地突破自我。最终，布雷默手下的一位名叫"沃勒"

的运动员在世界田径锦标赛上获得了800米比赛冠军。

当媒体的记者争抢着问及如何在强手如林的比赛中夺冠的时候,沃勒轻松地回答道:"小山真美子的故事一直激励着我,因此在比赛的时候,我就始终想着,我就是小山真美子,我飞奔着是要去救孩子!"

小山真美子能创造短跑速度的奇迹,凭借的是她在瞬间爆发出来的潜力,而沃勒之所以能够夺冠,也是因为受到了小山真美子救子的激励,也将自己体内的潜能挖了出来。如此看来,每个人都具有潜能,它就像一座大金矿,蕴藏着无穷的力量和动力。如果我们要想获得事业上的成功,肯用积极的心态将潜能发掘和利用起来,它一定会助我们一臂之力。

一般情况下,有不少人都认为,他人做不到的事情,自己一定也是做不到的。于是,就会习惯性地安于现状,绝不会主动去改变现状,这样一来,潜能自然就得不到开发。

曾有专业人士调查研究,得出了这样的结论:"凡是普通人,其实只开发了蕴藏在自己身上十分之一的潜能,可以说,每个人不过都处于半醒着的状态。"是啊,我们的身体就如同一个宝库,潜能就蕴藏于其中,只是因为我们都未接受过相关的潜能训练,所以,我们的潜能就不能很好地发挥出来。一旦将我们身上的潜能挖掘出来,在我们的一生中就能够起到"点石成金"的重要作用。

在现实生活中,也只有那些勇于挑战,具有强烈的进取心之人,才能将潜能挖掘出来,从而取得辉煌的成就。

大家一定熟知班·费德雯,他在保险销售行业里,真可谓是一位杰出人物。

他在连续数年达到了每月10万美元的销售业绩，并成为大家所追求的、卓越超群的百万圆桌协会会员。

在大约五十年内，他平均每年都达到了将近300万美元的销售额。除此之外，他的单件保单销售曾做到了2500万美元，甚至一个年度就超过了1亿美元的业绩。曾经有过数字统计，在他的一生当中，他共销售出去了数十亿美元的保单，高于整个美国80%的保险公司销售总额。

可以说，在销售保险的历史上，没有一个业务员能够超越过他，然而，他实现的这一切，却是在他家方圆40里内，有1.7万人，一个叫作"东利物浦"的小镇上创造出来的。

在谈到自己的成功时，费德雯不无感慨地说："我之所以能够获得成功，是因为我有一颗强烈的进取心。而那些对自己的生活方式与工作方式完全满意的人，他们却陷入了一种常规。如果这些人既无任何鞭策力，也没有进取心，那么，他们也只能在原地徘徊。"

潜能成功大师安东尼·罗宾曾经这样说过："并非大多数人命里注定不能成为爱因斯坦式的人物，任何一个平凡的人，只要发挥出足够的潜能，都可以成就一番惊天动地的伟业。"可以说，发挥潜能的程度是由自己的勤奋度决定的，凡是积极进取的人，就能深度挖掘自己的潜能，凡是消极懈怠的人，任何事情都会抱以"得过且过"的态度，潜能自然就得不到开发和利用。

20世纪的科学巨匠爱因斯坦，在他逝世以后，科学家们便开始研究他的大脑，最终得出了这样的结论：无论是从哪个方面衡量，爱因斯坦的大脑都和常人的一样，并没有什么特殊性。其实，这就说明了一个问题，爱因斯坦之所以能够取得常人不能取得的成功，关键就在于，他超乎常人的那份勤奋和努力。

所以说，不管我们遇到什么挫折，都不要陷入满是怀疑、否定的沼泽地里，而是要以积极的心态将潜能挖掘出来，因为，无穷的潜能才是帮助我们创造人生奇迹的坚定基石。

4. 化压力为前进的动力

就算压力像空气一般充斥在我们周围，我们也应该想办法呼吸。

当我们看到别人生活惬意、舒适的时候，常常会羡慕不已，心里会想：人家怎么没有压力，看上去真是轻松呀！可是当我们和周围的朋友聊起来的时候，别人反而觉得我们没有压力。其实，这只是一种"当局者清，旁观者迷"的心态在作祟，让我们感觉生活是别处的好，幸福是别人的事。

然而，实际上，生活对于我们每一个人都是公平的，除了不谙世事的小孩子，每个成年人都要经受风吹雨打、烈日暴晒。诸如此类的压力，每个人都无法避免，只是或多或少，或大或小罢了，比如工人面对下岗时有压力，项目经理业绩平平时有压力，学生有升学的压力，毕业生有择业的压力……可以说，每个人有每个人的压力，每种角色有每种角色的压力。

既然压力无人不有、无处不在，那么我们也就没必要去羡慕别人，因为那只是雾里看花罢了。要想真的让自己活得轻松快乐，我们还得靠自己，拥有一颗善于排解压力，冷静对待压力的心。就像英国著名的心理学家罗伯尔曾经说过的："压力犹如一把尖刀。它可以为我们所用，也可以把我们割伤。那要看你握住的是刀刃还是刀柄。"

这也就是说，我们在觉得压力让我们喘不过来气的时候，并不一定是压力本身的问题，而在于我们自身，就像握住了刀刃一样，感到痛苦却不知原因何在，只能一味承受，但若是你了解了压力的来源，就能找到将它转换为动力的办法。

毛毛大学刚毕业，便和恋爱多年的男友步入了婚姻的殿堂。第二年，他们便有了自己的宝宝。这样一来，从小没吃过多少苦的毛毛有点疲累交加，痛苦不堪了。一方面要工作，另一方面要照顾孩子。一时间，毛毛感到压力空前的大，她有些难以承受了。

周末的一天，她回到娘家，跟父亲诉起苦来。父亲什么也没说，带着她径直来到厨房，然后拿出三口锅，分别放上胡萝卜、鸡蛋和咖啡豆，然后点燃炉灶给三口锅加温。毛毛一直不明白父亲葫芦里卖的什么药，就只好静静地观看着。水开之后，父亲让毛毛看这三种食物，毛毛发现，胡萝卜已经软了，鸡蛋已经煮熟了，咖啡也已经煮得很香。

毛毛不明就里，只听父亲解释道："同样的时间，同样温度的水，但是对这三种不同的东西来讲，它们的反应却不尽相同。胡萝卜本来是硬的东西，但煮熟后变得软了；鸡蛋的内部本来是液体，但煮熟后变得有了韧性；咖啡豆的本事最大了，它不但没有因为水而改变自己的味道，反而更加香醇了，而且它还改变了整锅水的颜色。"

毛毛听懂了父亲话语里的意思，她明白了压力往往不请自来，面对它们的时候，如果自己能够像咖啡豆一样，将压力转化成动力，或许周围的一切也就跟着改变了。

没错，这个小小的故事却告诉我们一个简单而深刻的道理：面对压力，乐观的人善于将其变为动力，而悲观的人则会任由压力改变自己。

既然压力不可避免，那么我们何不学一学咖啡豆的精神呢，让自己享受这份压力，在压力中历练自己，让自己越发变得成熟而有魅力。

一位管理人士曾说过这样一句话："人生活在世界上，每天都像动物一样在大草原上猎食，有时丰收，有时失败；有时自己跌倒，有时看到别人跌倒，但是这其中最大的不同，就在于这个人多快才能站起来。"所以说，我们只有让自己尽快从压力中解脱出来，才能摆脱苦闷，我们也只有具备了乐观的生活态度，才能适应时代的变迁，走出只属于自己的优雅的步伐。

就算压力像空气一般充斥在我们周围，我们也应该想办法呼吸。压力无处不在，这已经是一种无可改变的现实，抱怨改变不了现状。就像能量可以转化一样，压力也能转化成动力，只要你将它看作自己的推动力，那么你就能够得到成功的原动力。

一艘货轮卸货后在返航的时候，突然遭遇巨大风暴，大家都惊慌失措了。就在这个危急时刻，老船长果断下令："打开所有货舱，立刻往里面灌水。"往货舱里灌水？水手们惊呆了，这个时候本来就危险，怎么还能往里面灌水呢？险上加险，这不是自己给自己找麻烦吗？不是自找死路吗？

此时，老船长镇定地解释道："大家见过根深干粗的树被暴风刮倒过吗？被刮倒的是没有根基的小树。"水手们半信半疑地照着做了，虽然暴风巨浪依旧那么猛烈，但随着货舱里的水越来越高，货轮渐渐地平稳，不再害怕风暴的袭击了。

大家都松了一口气，纷纷请教船长是怎么回事。船长微笑着回答道：

"一只空木桶很容易被风打翻，如果装满了水，风是吹不倒的。一样的道理，空船是最危险的，给舱里加点水，让船负重才是最安全的。"

空船是最危险的，给舱里加点水，让船负重才是最安全的。其实，人又何尝不是呢？有一定的压力，才能砥砺出坚强的意志。如果像一艘空船一样完全没有负担，那么一场人生的风雨就能将之彻底打倒。在这个充满竞争的社会里，谁要是拒绝压力，谁就注定无法生存。

有一位哲人说过："要想有所作为，要想过上更好的生活，就必须去面对一些常人所不能承受的压力，你得像古罗马的角斗士一样去勇敢地面对它、战胜它，这就是你必须走的第一步。"

美国麻省的艾摩斯特学院曾经做了一个很有意思的实验。

实验人员用很多铁圈把一个小南瓜整个箍住，然后观察当南瓜逐渐长大时，能够承受铁圈多大的压力。最初他们估计南瓜最大能够承受大约500磅的压力。在实验的第一个月，南瓜承受了500磅的压力；实验到第二个月时，这个南瓜承受了1500磅的压力；当它承受到2000磅压力时，研究人员必须把铁圈捆得更牢，以免南瓜把铁圈撑开。最后整个南瓜承受了超过5000磅的压力，瓜皮才产生破裂。

最后的实验是，实验人员把这个南瓜和其他南瓜放在一起，试着一刀剖下去，看质地有什么不同。当别的南瓜都随着手起刀落噗噗地被切开的时候，这个南瓜却把刀弹开了，把斧子也弹开了，最后这个南瓜是用电锯锯开的：它果肉的强度已经相当于一株成年的树干！因为在试图突破铁圈包围的过程中，这个南瓜正在全方位地伸展，吸收充分的养分，最终果肉变成了坚韧牢固的层层纤维。

假如南瓜能够承受如此巨大的压力，那么我们人类又能够承受多少压力呢？南瓜的实验告诉我们，大多数的人能够承受的压力往往超过自己的预想。同时也说明，只要我们积极应对，人们的承受力将会是潜力无限的，如果能够用积极的态度和行动去应对压力，就能将压力化为成长的张力。

永远恐惧压力，你就永远被它压制，若是试着一点点地接受压力，那么你就如同这个南瓜一样，随着岁月的流逝就会变得无坚不摧。的确，压力在很多时候能激发出强大的精神力量，把人的潜能发挥到极点。在火灾中，一个姑娘竟然能够把一架需要五六个男人才能搬动的钢琴搬到了安全地带；一个八九岁的小男孩，在紧急关头为了救出压在汽车下的父亲，硬是一个人掀翻了一辆汽车！种种事例，充分说明了在压力面前，一个人的潜能有多么巨大。

因此，压力不是什么大不了的事情，关键的是我们如何看待。在压力面前，勇敢地去面对，并能把压力化作动力，在压力的不断鞭策下，迫使自己不断前进，压力就成了成功的催化剂。我们要想在激烈的职场竞争中取胜，在工作的方方面面做到精益求精，就必须学会与压力共存，化压力为前进的动力。

从这个意义上说，我们需要好好感激压力。只要是自己能够像铁圈下的南瓜一样承受压力，敢于负重，勇于负重，善于负重，我们会因这近乎残酷的负重洗礼而变得更加强大，实现从焦虑到安然、从平庸到成功的跨越。

5. 活成理想中的自己

每一粒沙都有成为珍珠的机会，但不是每一粒沙都能真的成为珍珠。

如今，不知道还有多少人依然坚持着自己的梦想，还有多少人依然坚持着等待梦想成真的那一刻。坚持，其实是对毅力和勇气的极大考验。对于坚持的力量，用最实际的例子或许比语言更具说服力。

一天，一只河蚌不小心吞下了一粒沙。

沙子进入河蚌的身体后，它感觉非常不舒服，又热又闷。它四下环顾，竟然发现身边还有一粒沙，显然，这个沙粒比自己进来的还要早一些。

"这里难道就没有出口吗？你在这里待了多久了？"沙粒问。

"唔，我也不是很清楚，大概有几天了吧。"另一粒沙子回答。

"这几天都没有出去的机会吗？"

"当然不是，想出去还是很容易的，它张嘴时你就可以出去了。"

"那你为什么不逃跑？"

另一粒沙听了摇了摇头，认真地说："我不想成为平凡的沙粒，我要成为一颗珍珠，只要我能坚持在蚌壳里待着，最终一定会蜕变的！"

沙粒听了感到好笑："别开玩笑了，想成为珍珠？沙子就是沙子。你肯定心理有病，我才不要和你一样在这儿发疯呢！"说完，沙粒就趁着蚌壳打开的机会逃离了又闷又热的蚌壳，继续在海底沉淀。

那粒有理想的沙子依旧不为所动，每天有无数的沙子随着蚌壳的打开来来去去，只有它坚守在蚌壳内。几年过去后，果然就如它预想的那样，自己成了一颗巨大的珍珠。一天，一个人发现了它，并将它点缀在了女王的皇冠上。而那粒曾经劝说它的沙子呢？它自然不知道这一切，还在海底安安静静地沉睡呢！

很多人羡慕他人的成功，觉得他人是赶对了时机。其实很多人都忽略了一个最简单的道理，那就是坚持的力量。每个人都有成为珍珠的机会，但不是每个人都能真的成为珍珠。成长其实说白了就是一种蜕变，是从平凡的沙粒蜕变成珍珠的过程。

成功是一种成长，不是投机取巧得来的，而是日复一日的坚持和积累创造的。看一看那些成功人士，无一不是日复一日的坚持才换来了最终的成功。

如果你是一个内心坚定的人，那么你在乎的就不会是前方到底还有多少未知的困难，也不会在意自己还要坚持多长时间。你只会在意自己是否在坚持。

一次，英国首相丘吉尔被邀请到一个大学进行演讲，而演讲的主题又是有关成功。在演讲的当天，人们将礼堂挤得水泄不通。因为有太多的人渴望从中汲取到成功的营养。

在演讲之前，全场掌声雷动。掌声过后，人们都翘首以盼。丘吉尔缓缓走向演讲台，慢慢地说："成功的秘诀有三个……"说到这里便沉默了。场下异常安静，人们纷纷准备记录，看看丘吉尔能够说出什么富含哲理的惊人语句，"第一个，是绝不放弃。"话语坚定有力、简练精当。人们在兴奋中静听下文。丘吉尔接着用缓缓的语调说:"第二个,是绝不、绝不放弃!"全场在期待着,不知道丘吉尔葫芦里卖什么药。"第三个,是绝不、绝不、绝不放弃!"丘吉尔大声地说。这几句话说完以后,丘吉尔穿上大衣戴上帽子离开了礼堂。在这个时候,整个礼堂异常的安静,一分钟后,突然掌声雷动。

很多人会经常感到不解,为什么很多成功者都资质平平,看上去并不那么聪明。其实,专注者最聪明,原因很简单:那些看似愚钝的人有一种顽强的毅力,一种在任何情况下都心如磐石的决心,他们很少受周围环境的诱惑,也不偏离自己的人生航向。

只有不断坚持的人,最终才能成就一番大事业。

其实,大多数人比起拥有的多少,往往更在意失去多少。但人生路很长,忘记自己所拥有的,只去争取自己想要的,最终你一定会发现,自己已经蜕变成了理想中的样子。

6. 放下自己,把心归零

懂得将自己的心归零,你才能清除心中的包袱,才能清除成功路上的绊脚石。

"敌人",一个让人一听就心生警惕的词语。你的敌人是谁?工作上的竞争对手?生活中的情敌?其实,我们最大的敌人不是别人,而是自己。正如拿破仑所说:"我最大的敌人就是我自己。"究其根源,就是太把自己当回事了。

很多时候，我们烦躁，我们郁闷，我们焦虑不安，都是源于我们太在意自己，过于注重自己的感受，过度在意别人对自己的态度，过于在意手中所拥有的一切。这样，不仅使自己心力交瘁，而且也很难有所成就。

在工作中，有人抱怨公司不把自己当个人才，在生活中，又抱怨社会环境实在太差，家庭生活里，抱怨对方不够体谅自己，让自己过得很累……一声声的抱怨，毁掉了自己的快乐，也毁掉了身边的一切美好。

其实，名利、金钱……不过是浮云，懂得将自己的心归零，你才能清除心中的包袱，才能清除成功路上的绊脚石。

王亮是一所名牌大学的高才生。大学毕业后，他应聘进入一家外资企业，与他同时进公司的同事，硬件条件都没有他好，要么学历低，要么专业技能不强。对比之后，他觉得自己是公司的绩优股，可以在此大显身手了。

抱有这种想法的王亮，每当领导让他做最基础的工作时，他就觉得自己被大材小用了。一次，主管让他做一份合同，他满心不情愿地去做，结果，他将进货价500元写成了50元。幸亏主管及时发现了这个错误，否则公司将会损失一大笔钱。事后，主管批评他，他不以为然，说："我又不是秘书，不擅长做这种事情。如果让我做技术含量高的事情，肯定不会出错。"

王亮的态度让主管很不满意，以后，即便是复印文件的小事，主管也不让他做。没过多久，名牌大学的高才生王亮就辞职了，而和他同时进公司的同事，有的升职，有的加薪。

故事中的王亮在职场上受挫，敌人不是别人，而是他自己。他将自己摆在了重要位置，认为自己是公司的人才，应该将最重要的工作交给他，而不是做小事。正是因为这种心态，他最终出局。

想要获得什么，就要先付出什么。想要得到别人尊重，就要先尊重别人。事事以自我为中心，太把自己当回事，反而会竹篮子打水一场空。学会放下自己，坦诚生活，才能真正赢得你想要的。

如果能将自我彻底放下，我们就能跳出去，从另一个角度看待事物，生活也会轻松很多。

萧伯纳是英国著名剧作家。有一天，他在公园散步，看到一个很漂亮的小姑娘。小姑娘穿着粉色的连衣裙，扎着两条辫子，非常招人喜欢。萧伯纳很开心地和小姑娘一起玩了很长时间。

分别时，萧伯纳对小姑娘说："谢谢你，我今天玩得很开心。回家后，你别忘了告诉你妈妈，说你今天和著名的作家萧伯纳一起玩耍，他很开心。"小姑娘沉默片刻，说道："我也很开心。回家之后，您也要告诉您妈妈，说您今天和一个普通的小姑娘一起玩，她很高兴。"

萧伯纳一时语塞，他一直觉得自己远近闻名，无人不知，谁能认识自己是一种荣耀，但是，小姑娘只把他当成一个普通的玩伴。

事后，萧伯纳将这件事讲给朋友听，并且深有感触地说："一个人不论取得多大的成就，都不能骄傲自大，对任何人，都应该平等相待，永远谦虚。"

放下"我"，这是一种健康向上的积极心态，更是一种至高的人生境界和智慧。我们要学会将自己的心归零，别将自己的位置摆得太高，因为位置越低，向上发展的空间才越大。

7. 接受不完美，才能更完美

生命的光辉和荣耀永远都照在身上暂不完美的那一点上，
而那是正是你的魅力所在。

完美人生是所有人最理想化的期待，当然，人们都知道这是不可能的。世界上不存在绝对的完美，任何人在成长的过程中，都是靠着试探前行的，跌跌撞撞中受了伤、犯了错是再正常不过的事情。如果因为一次的失误、挫折就否定整个人生，那么你的人生将会陷入无边的苦痛当中。

动物园举办了一次舞会，夜莺的歌喉引来了众人的掌声，大家纷纷夸它是森林里最棒的歌唱家。骄傲的孔雀在台下愤愤不平，一肚子的怨气。

孔雀对身边的燕子说："夜莺的歌声那么美妙，人们都喜欢它。可我呢？嗓音沙哑，一开口大家就笑我，上天真是不公平！"

燕子听后安慰孔雀说："你的嗓音不好，可你的容貌与身姿却是别的动物所不能及的。想想你开屏的时候，羽毛是多么的漂亮、多么的光彩照人。"

"那又有什么用呢？这种美丽是无言的，我一张嘴就'不如别人'。"

燕子觉得孔雀有些矫情，生气地说："命运都是上天注定的，它给了你美丽，给了夜莺美妙的嗓音，给了雄鹰力量……所有的动物都应该对上天赋予自己的东西感到满意知足才对，别总是抱怨自己没有的！"

世界上任何事物都不可能十全十美，任何人都是独一无二的，都有着自己的精彩。孔雀的美丽是令人艳羡的，而它却不停地抱怨自己没有美妙的歌喉。现实生活中，很多人也在重复着"孔雀的抱怨"。

每个人都无法选择父母、容貌、家境和从小生活的环境，于是这些事实就成了很多平凡人在长大以后遇到的第一个痛苦。他们会不停地抱怨："我家太穷了！父母没有本事，也没有社会地位，别人都可以靠家里找一份体面的工作，可我的父母什么忙也帮不上……说出来真是丢人！"或是抱怨自己的缺点太多："我个子为什么这么矮？我为什么找不到理想的工作？"等等。有些人总觉得自己不够完美，他们从未感觉到幸福，因为他们的目光一直停留在自己不曾拥有的东西上。

其实，这些不过是生命中的一点瑕疵罢了，并不能阻碍你的快乐和幸福。人应该要认清自己，接受自己的不完美。只有接受了自己的不完美，我们才会奋进、才会拼搏。

春曼和心曼是一对出生在黑龙江农村的姐妹，和所有女孩一样，她们喜欢漂亮，也有着自己的梦想。只是，两姐妹是残疾人，无法行走，每天只能坐在轮椅上。医生说，她们只能活到30岁。

这对姐妹没有享受过校园里的生活，但她们自学认字，后来又经营书报摊。再后来，两姐妹开通了春曼心曼生命关怀热线，出版了她们的第一本书《生命从明天开始》，拿到了稿费之后，她们做的第一件事就是帮家里还债。之后，两姐妹的第二本小说《如果我可以站起来吻你》出版了，她们从此成了名人。

医生当初的预言并没能阻碍她们勇敢地活下去，身体的残缺也没有让她们看不起自己，也没有让她们抱怨上天的不公，如今她们已经走过了三十多个春秋，她们从不和任何人去比较自己没有的东西，她们快乐地生活着，努力享受每一天的生命，力求让每一天都过得很精彩。

两个残疾姐妹能够尽情地享受生命的精彩，那么身体健康的我们又有什么理由看不起自己呢？不必太在意别人有而自己没有的东西，有失必有得，生活就是这样。如果春曼和心曼没有身体上的残缺，也许她们就不会将生命的可贵领悟得如此透彻，也不会感受到活着是那样的幸福。

每个人一生是不同的，我们不可能拥有一切，生活中固然有很多美丽的东西，但并非样样都是我们能够消受的。同样地，我们也不可能失去一切，只要你悉心观察，就会发现生命中总有些不曾察觉的美好。清闲时有清闲时的满足，也有清闲时的寂寞；繁忙时有繁忙时的烦恼，也有繁忙时的乐趣。有钱人有他们的潇洒，也有他们的担心和脆弱；穷人有穷人的艰辛，也有他们的坦然和欢笑。

还记得玛格丽特·米切尔的小说《飘》中的郝思嘉吗？她固执、虚荣、聪明、狡黠，但她是那么的真实，她的缺点与优点完美地融合在一起，无人能及。完美是乏味的，它意味着已经失去了任何可能性和延伸感。只要我们敢于正视自己的不完美，调动自身各种优势与之协调，对缺陷进行弥补和矫正，一样可以成就精彩的人生。

要记住：生命的光辉和荣耀永远都照在身上暂不完美的那一点上，那是你的独特之处，也正是你的魅力所在。只要敢于为了明天而拼搏，改变自己，那么你就可以蜕变成一个完美的人。

8. 永远不要念着"如果"

人生没有彩排，每一天都是现场直播。

"真的，人生没有彩排，每一天都是现场直播。"这是少年作家吴子尤的母亲柳红女士在儿子去世后的一次《生命的礼赞》栏目中所说的最后一句话。

的确，人生每天都是现场直播，没有排练的机会，也没有谁能一直站在原地等着我们。所以我们在人生路上要时时保持行动，同时，也要珍惜现在拥有的一切，走好眼下的每一步，勇敢并谨慎于每一个开始。及时抓住能把握住的美好，生活才会无怨无悔。

吴子尤，一位才华横溢的少年作家，与李敖成为忘年之交。然而却在小小年纪横遭厄运，但直到生命的最后时刻，他依然如前，一直笑对人生。

2004年，因为胸腔纵膈肿瘤压迫神经住院治疗，手术后不幸失去了造血功能。从此，14岁的子尤开始了一场与病魔的持久战。经历了一次大手术、两次胸穿、三次骨穿、四次化疗、五次转院、六次病危，却以超乎常人的乐观心态度过着自己的花样年华。在2005年9月，一本记录他8岁到15岁成长过程的作品集《谁的青春有我狂》出版。

"青春是属于我的,标记着我激情的一月一年。人说青春是红波浪,那就翻滚着绘出最美的一线。眼前只有柄孤独的桨,握在手中就是把战斗的剑。我在这里写着刚有开头的小说,每过完一天就翻过一页;每翻过一页,又是新的一天。为什么我依然热爱考验?因为别人让天空主宰自己的颜色,我用自己的颜色画天。"

终究,写下上面这首如歌诗句的作者,于2006年10月22日去世。

事隔许久,吴子尤的母亲柳红女士被电视栏目《生命的礼赞》邀为嘉宾。其间,她朗诵了这样的一篇文章:《珍惜生命》。

"那是2005年8月的最后一天,在北京大学百年讲堂的开学典礼上,子尤从轮椅上起身,向他所在的中学校友讲了一番话。结尾时,他用力而深情地说:'要珍惜呀。'我知道他说的是珍惜生命的意思。那时候我们在生死线上,可是他依然有他的追求和向往;兴致勃勃地走在他自己的道路上。他对我说,我每一秒钟都和上一秒钟不一样;他总结自己的生活是一路快乐美好。他说,是舒服,是享受;他还说,我活得欣喜若狂。

"我和子尤经历疾病和死亡的日子是一个理解和实践珍惜生命的过程,我们懂得了珍惜生命就要珍惜生命的价值,尽其所能做有意义的事情。有意义的事儿,可大可小,可多可少。做,一定比不做好;多做,一定比少做好;今天做,一定比明天做好;持久地做,一定比半途而废好。

"我们通常认为,人生如台历,撕去旧页,新页展开;每天如彩排,今天过去,还有明天;一遍不满意,可以再来。其实昨天已成为过去,明天尚且未知;当下稍纵即逝,不复重来。如果把每一天都当作生命的末日来过，我们会更加珍惜更有意义的人生。

"而什么是有意义的人生呢？这真是需要我们沉下心来好好想一想的问题。人们常常忽视自己的内心、身体、亲人和孩子的想法。不注意春夏秋冬花开草长，不注意音乐旋律的升降变化。特殊的人生际遇使我有机会接触了很多癌症患者，每一位走近生命尽头的人，都想再看一次星星，再凝视一次海洋。而多少住在海边附近的人，他们却懒得看一眼。每天晚上有多少人会仰望星空？谁又真正用心去品尝、触摸生命，去感受平凡事物中的不平凡？

"以前我也浑然无知、不加思索，直到变故降临，彻底改变了我的生活，才开始思索。我从中学到了很多很多，我学会了享受过程，而不是结果。我愿意告诉人们，看看田野里的百合花，摸摸婴儿耳朵上的绒毛，在庭院的阳光下阅读，与朋友分享你的喜怒哀乐。真的，人生没有彩排，每一天都是现场直播。"

的确，人生每天都是现场直播，没有排练的机会，也没有谁能一直站在原地等着我们。就如台湾作家林清玄的散文中所讲："生命最有趣的部分，正是它没有剧本，没有彩排，不能重来。"人生而偶然，死亦必然。

人生中没有那么多的"如果"，这一次过去了，下一次也就不一定会有。就像世界著名艺术家们每一次上台都如履薄冰，努力练习，务求在观众面前呈现的是最完美的一面。那是因为他们深知，每一场演出都是全新的一次，也是关键甚至是唯一的一次。

如此，我们便要有抓住这一次的决心，以及无怨无悔的气魄。当然，仅有这些还不够，我们要谨慎前行，虽然有时难免会做出一些后悔的事，这无可避免，但我们若是能保持小心谨慎，那么失误的概率就会大大下降,这样我们才能迈出无悔的步伐。

青春不再重来,爱亦不会重来,生命更是没有重新来过的机会。生活中有很多简单的平淡,如水扬清波,如风过疏林,但每一个却都是心头的日子,潜着香,藏着甜,是我们自己真正活过的一天。

/ 第三章 /

没有梦想,就没有成功

　　周星驰有句名言:做人如果没梦想,和咸鱼有什么区别!是啊,你可以贫穷,可以困顿,可以低微,但你不能没有梦想,因为只有梦想才能引领人生。

1. 展开梦想的翅膀

就算自己的梦想在别人看来是异想天开,你也可以给自己一个拼搏的理由。

海阔凭鱼跃,天高任鸟飞。许许多多的人都将自己不能成功的原因归结于没有一个好的平台,因为环境不佳,所以跳不高、飞不远。不是自己不愿付出努力,而是始终都得不到一个飞翔的机会,慢慢地,变成了无法飞行的鸟。

雏鸡看着天上展翅翱翔的雄鹰,心里很不开心。同样都是有翅膀的动物,自己的翅膀却什么忙都帮不上,跑得急了扑哒扑哒翅膀也只能帮自己保持平衡。同样是有翅膀的动物,为什么雄鹰就能够看尽天空的美景,而自己只能看向地面呢?

不理解的雏鸡去找母鸡,问道:"为什么我们都有翅膀,但鹰会飞,我们却不会呢?"

"那是因为鹰的翅膀大呀!"母鸡笑着说。

"那麻雀呢?它的翅膀比我们的翅膀小多了,可是它会飞,我却不会。"

"虽然相比之下麻雀的翅膀比我们要小,但对于麻雀而言,它的翅膀展开比身体还要大,如果按照比例来看的话,我们的翅膀太小了。"

雏鸡若有所思。

翅膀是鸟类飞翔的倚仗，翅膀的大小决定了它们的飞行能力。麻雀虽然会飞，但永远飞不到雄鹰的高度。对于我们而言，梦想就像是翅膀一样，你的梦想有多大，你的未来才有多宽广。你若是只想做一个吃穿不愁的人，那么你的梦想无异于雏鸡的翅膀，因为你所要的不过是衣食无忧，没有了更高的追求。但若是你有更高的追求，渴望看尽天下风景，那么你便会向着雄鹰的方向去努力。不管最终是否能够成为天空的霸主，但你至少看到了雏鸡不曾看过的人生美景。

1987年，她14岁，辍学后在湖南益阳的一个小镇卖茶，1毛钱一杯。她人小，摊位小，可她的茶杯却比别人的大一号，每只杯子上盖一块能够遮挡灰尘的小玻璃片，茶水可以免费续杯。她的茶卖得最快，那时，她总是快乐地忙碌着。

1990年，她17岁，多数同行嫌卖茶不赚钱而改行，可她却把卖茶的摊点搬到了益阳城里，改卖当地传统的风味"擂茶"。擂茶制作很麻烦，但也卖得上价钱。那时，她配制出许多不同口味的擂茶，让每碗茶都有独特的风味。很快，她的生意就红火起来。

1993年，她20岁，这时的她仍在卖茶，只是她不再摆摊点，而是在省城长沙有了一间自己的小店面。她在店中央摆着根雕茶几，每有客人进门，她都耐心地泡上茶请人免费品尝。慢慢地，她的小店吸引了许多客人和茶商，而她也培养了一批品茶人。后来，通过朋友的介绍，她开始在其他城市开茶庄分店，并且还延续同样的经营模式，请人免费品茶，培养品茶人，然后茶叶一包一包地卖出去。

1997年，她24岁，在茶叶与茶水间滚打了整整十年。这时，她已经拥有37家茶庄，遍布于长沙、西安、深圳、上海等地。福建安溪、浙江杭州的茶商们一提起她的名字，莫不竖起大拇指。

2003年，她30岁，她最大的梦想实现了。"在本来习惯于喝咖啡的地方，也有洋溢着茶叶清香的茶庄出现，那就是我开的……"说这句话时，她已经把茶庄开到了新加坡、中国香港等国家和地区。

她，就是茶商孟乔波。

她曾经说自己只是个卖茶的，也永远是卖茶的，她会一条路走到底。在不同的人看来，她梦想的定位也不同。有的人会认为她的梦想太微不足道，但至少在孟乔波心里不是这样的，就算是一个卖茶的，但是在这条路上她要站得最高。

或许在别人看来，你的梦想会被嘲笑，但你自己不能嘲笑自己。在你的翅膀不曾展开的那一天，没有人能够真正了解你的能力。稳住自己，相信自己，不忘初心，就算自己的梦想在别人看来是异想天开，你也可以给自己一个拼搏的理由。

因为我一无所有，所以要拥有最大的翅膀，在最高的天空中翱翔！

2. 抓住离你最近的梦想

我们的终极目标可能是李嘉诚，但我们的起点也许只是一个勤杂工。

人生如登山一般，必须抓牢身边的那块石头，借此再一步一步往上爬。这样，我们就可以在遇到行不通的路段时退回来，重新寻找更合适的位置，抓牢着力点再继续前进。

看着远处的山峰是必须的，但我们也要确保那是可以到达的地方，在那之前，我们更应该着眼于最近的目标。远处的风景是梦想，近处的风景是理想，相比于那些虚无缥缈的东西，可以抓住眼前的一切才是我们力所能及的事。这不仅是一种简单有效的选择，更能让我们的付出体现出效率的价值。

从前，有一个山脚下的小村落被一场罕见的洪水袭击得惨不忍睹：房屋几乎被冲为平地，许多人的生命也被无情的洪水夺去了。其中，有一个幸福的三口之家也是这场灾难的受害者：在洪水中，丈夫第一时间把手伸向了自己的妻子，而他们8岁的儿子却被洪魔无情地带走了。

起初，村里很多人对这个不幸的家庭都表示深切的同情，都纷纷前来安慰这对年轻的夫妇。但事情似乎渐渐发生了变化：有些人开始对那个男人的选择产生了疑问。在突如其来的洪水面前，丈夫选择首先去挽救妻子的生命，而放弃了他们的儿子。"即使两人感情再好，难道孩子在灾难来临的时候就应该成为被舍弃的对象吗？"围绕这一话题展开的争论，一时间充斥在山村里的每一个角落。

一个报社的记者路过此地，听说了这个故事后，顿时觉得这是一个很好的选题：如果只能救活一个人，究竟是该救妻子还是救孩子？爱人和孩子哪一个更重要？于是，他深入村中找到了那个男人。

"眼看着洪水冲过来的时候，根本来不及让我有任何过多的想法，妻子就在我身边，我们都不想失去对方，于是我就抓住她拼命地往山坡游。而当我返回去的时候，儿子就已经不见了。"男人又一次哽咽。

这时记者明白了，不是父亲不想救儿子，也并非丈夫眼里只有妻子，而是在当时的情况下，他只有能力去抓住妻子。记者最后安慰男人说："请不要过于悲伤，毕竟你从洪水中还救回了你的妻子。"

有时选择不会给我们太多的时间，这种时候我们要依靠本能，选择一定能够成功的选项，这样才有可能体现效率的价值。这个男人的选择是正确的，至少，救活一个比失去两个要好。面对洪水，他不存在选择，他是一个深爱着妻子的丈夫，同时也是视儿子为至宝的父亲，二者同样重要。只是，在还没来得及让他有时间考虑的时候，他已经本能地伸出手去紧紧抓住离自己最近的妻子。这是最为现实和明智的，同时也是最为有效的。如果他放弃妻子去救孩子，可能最后失去的就是两个人。

奢望着不切实际的目标，对我们而言是没有任何意义的。只有把握好最近的目标，付出才能体现出它相应的价值。

这个世界上，有太多"燕雀安知鸿鹄之志"的壮志难酬之人，他们未达成理想的原因就在于忽略了自己眼皮底下可以先做到的事情，放弃了手边最易实施的简单之行。从达成离我们最近的目标开始，实际上就是一个把烦琐的事情简单化的过程。也只有这样，我们才有可能顺着人生陡峭的崖壁攀上高峰。

如果一味地好高骛远，盲目地将眼光盯在虚幻的目标上，却忽视眼前的工作，只会让人疲于应付，最终一事无成。做自己力所能及的事情，就是简单而有效的选择。若是失去了一切，我们确实可以从头再来，但我们的生命是有限的，有时你未必有大把的时间去重新起跑。

人生理应有远大的理想，但理想永远不能脱离现实，要着眼实际去选择。成功是一步步积累出来的，你若是只知不切实际地幻想，不知道为此付出努力，那么最终你仍旧一无所有。选择眼前能够帮你接近目标的事情努力，最终你会发现，自己的理想会像阳光一样照进现实。

一个学企业管理的大学生，在校期间就一直有个梦想：希望将来能拥有自己的公司，自己当老板，成就一番事业。

毕业后，由于资金紧张，他只好和千万名毕业生一样，挤进了求职大军的队伍中。他想，凭着自己的能力，即使是打工，也必须找一个高级管理者的职位，从事比较重要的决策工作。

可是，这位大学生应聘了很多家招聘副经理职位的公司，却无一例外地被拒之门外，原因是没有工作经验。于是，他降低了标准，想找个中层管理干部的职位。只是，因为同样的原因，仍然没有一家成功的。

一晃几个月过去了，看着同学们都已经拿到了第一个月工资的他，为了生存，不得不先找个能吃饭的地方。最后，费了九牛二虎之力才找到一份工作：办公室内勤，做一些分发报纸、端茶倒水、接电话的日常性杂活。

他感到异常失落，当天晚上去了班主任老师家，把这段时间找工作的经历及自己目前的苦恼一股脑儿地全都倾诉了出来。老师听完以后，对他说："你有远大的梦想，这很好。但有些梦想太遥远，是你现在抓不住的。最明智的做法就是，抓住离你最近的梦想，然后一步步向最遥远的梦想走近！"

老师的话给了他很大启发。第二天，他就去那家企业做起了内勤工作。半年以后，因为工作认真，他被调到业务部当了一名业务员。而后又由于业绩突出，一步步成为业务部经理、主管业务的副经理。就这样，在短短的五年内，这位大学生积累了自主创业的经验和资金，终于开办起了一家自己的公司。

经过艰苦打拼，他的公司终于在市场上站稳了脚跟，成了业内知名企业，而他本人也成为一个资产过亿的成功人士。

梦想有远有近，只有离我们最近的那个梦想才是最现实的。巨商大多是从最底层的员工开始做起的,有的做过卖报童,有的做过小商贩,还有的做过电焊工。但是他们的一个共性是,不管做什么,都能耐心地将眼下手中的工作做好,在平凡的岗位中取得出色的成绩。

目标有远近,工作有繁简。我们可以梦想着成为比尔·盖茨,但不可能一夜之间就拥有比尔·盖茨的成功。我们的终极目标可能是李嘉诚,但我们的起点也许只是一个勤杂工。选择没有那么困难,你只需抓住离你最近的那个现实目标,丢掉那些不切实际的理想,从简单开始,便能一步一步到达梦想的彼岸。

3. 迷雾只是提醒你脚下的路

不要去管眼前的迷雾,不要去看远方的岔路口,

你只需要记住脚下的路和心中的方向。

当迷失沙漠的旅人喝掉了皮囊里的最后一滴水时,他会作出怎样的选择?当一个人不小心掉进了水里,他会做出怎样的举动?当一个研究者历尽辛劳却最终得出一个错误的研究结论时,他又该如何取舍?曾有人问过一个坐拥百万家产的富豪,在他一无所有的时候,他凭借着什么走到现在?富豪严肃地说:"虽然在别人看来,我一无所有,但我知道,我还拥有勇往直前的信念。"

生活是美好的,但生活也是残酷的。暴风雨总是在不期而遇中出现,困难和挫折也许比我们想象的要多很多。在这些看似难以逾越的障碍面

前，我们往往感到迷茫：自己的能力不够，抑或是自己作了错误的选择？

困惑常在，你停下来去究其根源就会发现，这不过是命运给你安排的考验而已，深究没有任何意义，你只要把控好自己的方向，选择勇往直前就够了。看看身边的那些人吧，有些人因为失败而一无所有，但总有些人能够坦然面对这一切，他们不会因为这样的打击就自暴自弃，他们仍旧会相信自己，所以他们能够凭借着永不屈服的精神和勇往直前的执着重新开始，而最终，他们自然也能够走向成功。

有两只觅食的青蛙一不小心掉进了一个牛奶罐中，罐中的牛奶虽然不多，但却足以置两只青蛙于万劫不复的境地。

一只青蛙看着高高的牛奶罐，心想：完了，全完了，这么高的一只牛奶罐啊，我是永远也出不去了，于是，它很快就沉了下去。

另外一只青蛙看到沉没在牛奶中的同伴，它不断地告诫自己：我拥有发达的肌肉，一定能逃出这个地方。于是，它用尽自己全部的力气，一次次地奋起，一次次地跳跃……

不知道过了多久，顽强的青蛙突然发现脚下黏稠的牛奶逐渐变得坚实起来。原来，在它不断跳跃的过程中，经过反复地踩踏和跳动，已经把液状的牛奶变成了奶酪。最终，青蛙经过自己不懈的努力重获了自由，它跳回了绿色的池塘，而它的伙伴却永远地留在了那块奶酪中。

有时我们就像是被困在牛奶罐中的青蛙，是否能够逃离困境，在于你自己怎么做。若是你像第一只青蛙那样，对人生感到迷茫、绝望，认为这是人生的安排，那么牛奶罐注定会成为你的坟墓；若是你抛开这一切，一往无前，最终你会拨开迷雾，走向成功。

对于任何人来说，一时的失败只是一个过程，而非结果；一时的失败只是一个需要经历的阶段,而非全部的过程。在危机中,外界给我们的压力从来不是最可怕的,可怕的是我们在危机过程中的麻木不仁和茫然无知。

当危机席卷而来时,只有勇往直前才是我们唯一的选择。一个成功的人,最明显的特质就是拥有坚定不移的意志力,不管外界的环境变化成什么样子,他的初衷和希望是不会改变的,这种不变的信念是支撑他克服障碍,走向成功的强劲动力。

一个人在一无所有之时,往往也是其最具爆发力的时候;一个人走到绝地的时候,往往也是最具有转机的时候。当我们把一无所有看作是一种优势,而不是劣势的时候,我们距离成功也就更近了一些。当我们在困难面前勇往直前的时候,便能更加接近成功。

在一个航海学校,几个年轻人问一位在大海上与风浪搏击了一辈子的老船长:"如果你的船行驶在海面上,通过气象报告,预知前方海面有一个巨大的暴风圈正迎着你的船而来。请问,以你的经验,你将会如何处置呢?"

老船长微笑着反问了一句:"如果换作你们,你们又会如何处置呢?"

一个年轻人信心满满地说:"我会选择返航,将船头掉转180度,远离暴风圈。这样应该是最安全的方法吧?"

老船长摇了摇头:"不行,当你掉头返航时,暴风圈还是会追上你的船。你这么做,反而将你的船与暴风圈接触的时间延长了许多,这是非常危险的。"

另外一个年轻人说:"那如果我将船的航线向左或者向右转90度,努力脱离暴风圈的威胁就可以了吧?"

老船长依然摇摇头,接着说:"这样做还是不行,如果这样做,将会使船身整个侧面暴露在暴风雨的肆虐之下，增加与暴风圈接触的面积，结果也是更加危险。"

众人开始不解了，问道："如果这些方法都不行，那么究竟应该怎么做呢？"

老船长这才语重心长地说："此时只有一个方法，那就是抓稳你的舵轮，让你的船头不偏不倚地迎向暴风圈。唯有这样做，你才可以把船体与暴风圈接触的面积化为最小，同时，你的船与暴风圈彼此的相对速度组合在一起，还可以减少与暴风圈接触的时间。最为重要的是，当你冲过暴风圈的时候，迎接你的是充满阳光的蔚蓝晴空。"

如果说人生就是一场旅行，那么海面上的暴风雨就是我们遇到的绝境。有些时候，横在你面前的困难是你无法躲避的，那是命运安排你必须经历的，这不是命运和你开的玩笑，而是人生给你的一种考验，看你是否有资格进入下一关。这个时候，你越是躲避，越是陷入不解。在陷入绝境的时候，勇往直前才是唯一的，也是最明智的选择。这种做法其实蕴含着莫大的人生智慧。

一个真正的强者，永远不会计较自己失去了什么，他在乎的只是自己还有什么。一个拥有坚定信念的人，他的人生就是最富足的。

在我们的人生路上，所谓的失败，所谓的一无所有，所谓的迷茫，其实都是自己产生的一种悲观失望的情绪在作祟。在遭遇连续的失败之后，有人选择了听天由命，悲观消极，有人选择继续奋斗，最终成就大业。

在成功的道路上，我们看到的是鲜花而不是荆棘；在成功的人面前，我们看到的是现在的富足而不是当初的一无所有。作为一个渴望成功的人来说，内心的信念才是最值得自己骄傲的资本。

不要去管眼前的迷雾，你只需记住脚下的路，不要去看远方的岔路口，你只要记住心中的目标，只要记住目标是前方，鼓起勇气，一往无前，最终你就会通过自己的拼搏赢得胜利，成为真正的勇者。

4. 仰望星空，脚踏实地

不管现实怎样骨感，只要你的行动和梦想一样丰满，
那么你一定能够达到最初的目标。

梦想就像是一张画布，任凭你发挥，可梦想的画布铺得再大，你也得用画笔填充上线条和颜色，才能成就一幅气势恢宏的作品。

脚踏实地，仰望天空。这是多么诗意的人生状态，也是每一个成功者在成功路上的真实写照。仰望天空，人生才有希望，才有目标，才能超脱当下庸碌平凡的生活；而脚踏实地，才能将仰望天空时心中的梦想一步步转化为现实。

在现实生活中，每个人都对生活怀着或宏大或朴素的梦想——也许是事业的成功，也许是爱情的甜蜜，也许是家庭的幸福，也许是生活的安逸。正是这些梦想使得人们有了生活的动力。

每个有梦想的人都应该采取行动。梦想只是我们内心的体现，若是不能脚踏实地地付出努力，那么你的梦想就只是空想，这样一来你就只能成为一个梦想家；若是你能够端正心态，去努力拼搏，那么你便能够一步步接近成功。

一针一线细心缝制的帆,才能安全地将我们送到成功的彼岸;用焦急与浮躁打造出的船,只能将我们埋葬在失败的汪洋大海中。不管现实怎样骨感,只要你的行动和梦想一样丰满,那么最终你一定能够达到成功的彼岸。

齐白石是中国近代画坛的一代宗师。齐老先生不仅擅长书画,对篆刻也有极高的造诣,但他并非天生就有这方面的天赋,而是经过了非常刻苦的练习和不懈的努力,才把篆刻艺术练就到出神入化的境界。

齐白石年轻时就特别喜爱篆刻,但自己的篆刻技艺总是不那么令人满意。于是,他向一位老篆刻艺人虚心求教,老篆刻家对他说:"你去挑一担础石回家,刻好了之后全部磨掉,磨完后再刻。等到这一担石头都变成了泥浆,那时你的印就刻好了。"

齐白石就按照老篆刻家的话一丝不苟地去做。他挑了一担础石来,夜以继日地刻着。刻好了把它磨平,磨平了再刻,手上不知起了多少个血泡。

日复一日,年复一年,础石越来越少,而地上淤积的泥浆却越来越厚。最后,一担础石终于统统都被"化石为泥"了。而齐白石老先生的篆刻技艺,也达到了炉火纯青的境界。

齐老获得成功的诀窍,就是脚踏实地的努力。在这一步一步前进的过程中,他保持着对待事情的耐心与执着。只有以沉静之心,始终如一地付出努力,成功的步伐才能走得稳健而坚实。

谁降生的时候都是一无所有的,追求梦想的时候,都是靠着热情支撑的,但若是你不能为此付出努力,最终也只能回到原点。齐白石老先生以前不会篆刻,在篆刻面前他就如初生婴儿一般,但他肯为了自己的梦想付出努力，一个人与时间为伴，慢慢积累，才有了最终的成就。

脚踏实地是种子在泥土深处萌发的孤独努力，是在泥泞的道路上留下的艰深足迹。

不积跬步，无以至千里；不积小流，无以成江海。哈佛的一位教授经常对自己的学生说："那些取得了较大成就的人，并不是一开始便居于高位，也不是有一步登天的本领，而是他们懂得控制住浮躁情绪，通过踏踏实实的行动，不会因为各种各样的诱惑而迷失方向，一步一个脚印地向前迈进。"

一味主观地求急图快，没有按照客观规律一步一步地积极努力，后果只能是欲速则不达，适得其反。

从前，有一个非常喜欢生物的小男孩，很想知道蛹是如何破茧成蝶的。可是蝴蝶倒是看见的不少，但蛹却很少见。

有一次，他终于在草丛中发现了一只蛹，便将它带回了家，日日观察。

几天以后，蛹出现了一条裂痕，里面的蝴蝶开始挣扎，想抓破蛹壳飞出去。艰辛的过程达数小时之久，蝴蝶仍在蛹壳里辛苦地挣扎，那对翅膀怎么也伸展不出来。

小男孩看着蝴蝶这么痛苦，有些不忍心，很想帮帮它。于是他找来剪刀，将蛹壳剪开，里面的小蝴蝶瞬间就破蛹而出了。

但让小男孩万万没有想到的是，那只小蝴蝶毫不费力地从蛹壳出来后，因为没有经过破茧而出的锻炼，翅膀的力量太薄弱，以致根本飞不起来。不久，便痛苦地死去了。

破茧成蝶的过程原本就非常痛苦，然而同时，只有经历了这一艰辛的过程，才能换来日后的翩翩起舞。一味追求速度反而让爱变成了害，最终让蝴蝶悲惨地死去。凡事都有一个脚踏实地、循序渐进的过程，违背了自然规律，急于求成，将会导致最终的失败。

抱着急于求成心理的人，恨不能一日千里，但往往事与愿违。不遵循客观规律，还没有练习好走步就想要跑，那是肯定要摔跟头的。

有人也许会问，你要脚踏实地地工作，什么时候才能成为成功者呢？其实，成功者大多是从最底层工作开始做起的，但不管做什么，都能脚踏实地地将本职工作做好，在平凡的工作中取得出色的成绩。也就是说，你要想离成功更近的话，那么你最好摒弃心浮气躁，脚踏实地地工作。

这个世界上从来就没有什么"世外桃源"，任何事情的完成都需要一个过程，好高骛远，眼高手低，这就如同等待天上掉馅饼的机会。作为一个有责任感、有理想的人，踏踏实实地去做，不断地去解决问题，才能不断提高自己能力，让自己能在竞争中脱颖而出。

仰望星空的时候，别忘了将心沉静下来，记住自己脚下坚实的土地。踩着这样的土地，一步一步，走出自己的广阔天地。

5. 实现一个个小目标

只要做好眼前的每一件事,实现每一个小目标,

一点点地积累,最终成就大目标。

．

你吃牛排的时候是什么样的呢?切下一刀吃掉,然后再切下一刀,还是将整块牛排都分好之后再大快朵颐?可能不同的人有不同的选择,但有一点是相同的,不管你怎样分,都要将大块的牛排分成小块吃进嘴里,而且一口只能吃一块。

其实这个过程跟我们实现理想的过程差不多。理想对于我们而言都是遥远的,所以要将大目标分成小目标,一步一步去实现。

但是在分割目标之后,有些人却做错了下一步,那就是没有给目标分等级,以至于不知道从何入手,怀揣着无数个小目标,倒把自己弄乱了。就像掰棒子的熊瞎子一样,拾起一个就丢了上一个。

每个人的精力都有限,没有人能够一心二用,若想达成理想,就要将小目标排序,一个个地去完成,而不是同时兼顾左右。

曾经有一位 73 岁的老人计划从旧金山步行到佛罗里达州的迈阿密市。经过长途跋涉,克服了重重困难,她终于到达了迈阿密市。

这位老人吸引了当地各大媒体的记者,大家都想去采访她。大家很好奇:她是如何鼓起勇气,徒步旅行的?这路途中的艰难又是否曾经吓

倒过她?

"徒步这么遥远的路程,对于我们年轻人来说,几乎都是不敢想象的,我们觉得您就像一个奇迹,能告诉我们您是怎样完成这一壮举的?"一位男记者抱着极大的好奇心问。

"事实上,这一路上我的计划从未有所变动过,那就是:前面的下一个小镇。"老人回答说,"要知道,走一步路是不需要勇气的,我所做的就是这样。我先走了一步,接着再走一步,然后再一步,很容易就到达了前面的小镇。然后我再把上一个计划原封不动地简单重复一下,就可以了。"

若是老人想着下一个小镇,同时还想着其他的小镇,那么她的心就乱了,不理智的决定不能让她稳步前进。任何事都需要开始,需要迈出第一步,你若不知道众多小目标如何筛选,最终你只能停留在原点,望着无法到达的彼岸叹息。

宏伟蓝图自然是具有无穷魅力的,但它同时往往并不是我们唾手可得的。若试图一下去抓住事情的达成结果,无异于想在一天之内建造出一座罗马城,给自己徒增繁重压力的同时,也让简单的问题复杂化了。

所以说,人生无论是长久的计划,还是宏伟的目标,都绝非是一蹴而就的,它是一个不断积累的过程。而一个个量化的具体计划,就是人生成功旅途上的里程碑、停靠站,每一个"站点"都是一次评估、一次安慰和一次鼓励。是否能量化,是计划与空想的分水岭;只有把每一小段的目标都可视化,才不至于让自己的理想成为海市蜃楼。

1984年的东京国际马拉松邀请赛中,名不见经传的日本选手山田本一大爆冷门,夺得了冠军。当记者问他凭什么取得如此惊人的成绩时,他的一句"凭智慧战胜对手"让当时体育界嘘声一片。许多人都认为这个偶然跑到前面的矮个子选手是在故弄玄虚。马拉松比赛是体力和耐力的较量，只要身体素质好又有耐性就有希望夺冠，而爆发力和速度都还在其次，说用智慧取胜确实有点勉强。

两年后，意大利国际马拉松邀请赛在意大利北部城市米兰举行，山田本一代表日本参加比赛。这一次，他又获得了冠军。记者又请他谈经验。不善言谈的山田本一回答的仍然是上次那句话：用智慧战胜对手。这回记者在报纸上没再挖苦他，但对他所谓的智慧还是迷惑不解。

十年后，这个谜终于被揭开了，他在他的自传中是这样说的："每次比赛之前，我都要乘车把比赛的线路仔细地看一遍，并把沿途比较醒目的标志画下来，比如第一个标志是银行，第二个标志是一棵大树，第三个标志是一座红房子……这样一直画到赛程的终点。比赛开始后，我就以百米的速度奋力地向第一个目标冲去。等到达第一个目标后，我又以同样的速度向第二个目标冲去。40多公里的赛程，就被我分解成这么几个小目标轻松地跑完了。起初，我并不懂这样的道理，我把我的目标定在40多公里外终点线上的那面旗帜上，结果我跑到十几公里时就疲惫不堪了，我被前面那段遥远的路程给吓倒了。"

我们的一切都是有限的，就像山田本一说的那样，若是将所有的目标都摆在心里，那么你就会被压得无法喘气，更不要说轻装上阵了。

人生是一场旅行，一路上背负的东西会不断累加，所以我们自己要尽可能地减少负担，这样才能让你将更多的精力投入到前行的路上。不要去想自己的目标有多远大，也不要去考虑为了完成这个目标你需要做多少事，只要做好眼前的每一件事，完成每一个小目标，一点点积累，最终一定能取得成功。

内心牵挂太多反而会打消你的热情和积极性。不如将一切看得简单一点，只记得眼前该做的事，这样你才不会觉得疲累，才不会因为难度太大而半途放弃。

设定一个不太难实现的小目标，无形中就让自己长久坚持下去的动力变得强大起来。这样我们就会因为每一个小目标的简单易行而感到压力减轻，也正因为感到应对自如，我们才会发现自己渴望去做生活中其他需要改变的事情。当实现每一个小目标后，就会有一种更加积极的强化力量来帮助我们沿着通向最终远大目标的道路不断前进。

6. 害怕失去，不是抛弃梦想的理由

因为喜欢，所以快乐，沉醉其中乐此不疲，而金钱和名誉，都是可有可无的附加值。

世界上有很多概念都是互相矛盾的，而有时我们会陷入这种两难的抉择当中。这个时候，选择的结果很难以对错来评价，人生若是一条路，选择就是岔路口，无论你怎样选，最后的终点都一样，当然，你的选择会改变你的人生。

两个少年在洗手间中相遇，其中一个男孩找另外一个戴帽子的男孩借了点卫生纸。出了洗手间之后，为表感谢，借纸的男孩给戴帽子的男孩点了一支烟。两个人边走边聊。

戴帽子的男孩说："我最近很郁闷，家里人一直逼着我学钢琴，可

我怎么也弹不好。"

借纸的男孩说:"钢琴,一点都不难!我5岁就开始弹了,可烦恼的是家里人总逼着我写诗,天啊,我怎么写得出来?"

戴帽子的男孩一听,笑着从包里拿出了一沓稿纸,说:"这个给你吧!拿回去交差。我最喜欢写诗。"

你一定猜不到,那个不爱学琴的男孩,正是大诗人歌德;而那个不爱写诗的男孩,则是音乐家莫扎特。他们面临的选择显而易见,那就是自己的梦想和家人的期待。若是你,你会怎样选?选择他人的期待在大部分人眼中都是最保险的做法,不会冒风险,因为那些对你有所期待的人总比自己多些经验,至少是站在客观的角度来看待自己的。可是哪一种成功不需要冒险呢?若是歌德弹琴,莫扎特写诗,那么他们就永远成为不了轰动世界的伟人,因为他们的选择违背了自己的梦想。

人,一定要做自己喜欢、自己想做的事,如此才能够快乐。或许,在此过程中会遭到周围的人或环境的阻碍,但我们不该就此放弃自己的意愿,有些事一拖延,可能就是一辈子。

日本最年轻的临终关怀主治医师大津秀一,在多年行医的经验基础上,在亲自听闻并目睹过1000例病患者的临终遗憾后,写下《临终前会后悔的25件事》一书。其中,有很多条都涉及"没有做自己",比如——没做自己想做的事;被感情左右度过一生;没有去想去的地方旅行;没有表明自己的真实意愿,等等。

说到底,人之所以会做保守的选择,是因为怕失去,但想想看,我们离开这个世界的时候为什么会后悔?因为我们什么也带不走,若是曾经追求了梦想,那最终至少还有回忆,而不是悔恨。人生重在体验,而不是手里有什么。你若是真的爱自己,就该为自己的梦想而拼搏,不留

任何遗憾。

小时候，她不喜欢跳舞，可在父母的严格要求下，她还是硬着头皮学了。这一跳，就是十五年。

高考时，她想报考旅游英语，在家人的强烈反对下，她还是听了母亲的话，上了一所护士学校。后来，在市区的一家医院做了一名护士。

工作后，她交了一个军官男友，父亲却不同意。抵抗不过父亲的百般阻挠，她最终还是妥协了，在亲戚的介绍下，和一个医生结婚了。

结婚后，她和丈夫本来有自己的一套房子，可公婆非要他们搬过去一起住。她知道婆婆是个挑剔的人，本不想每天住在一起，怕生出什么矛盾，自己不开心，也惹得婆婆生气。可经不住老公的劝说，她还是强颜欢笑地和公婆住到了一起。

在别人眼里，她是幸福的。多才多艺，样貌出众，嫁了一个家境好的老公，还有公婆帮忙料理家务……这样的生活，多少女人求之不得。可是，她内心的苦楚又有谁知道？

30岁生日的那个深夜，她想到自己过去的这些年里，似乎每一次重要的决定，都是别人替自己拿主意。这人生，仿佛不是她自己的。那个做义工行走世界的梦想，那个曾在雨中为她撑伞的恋人，一切的一切，似乎都成了无法触摸的梦……她背对着丈夫，流下了一行行眼泪。在咸咸的泪水中，她突然做了一个重要的决定：换一种活法，做自己想做的事，去自己想去的地方。

略萨曾说："我敢肯定的是，作家从内心深处感到写作是他经历过的最美好的事情，因为对作家来说，写作是最好的生活方式。"因为喜欢，所以快乐，沉醉其中乐此不疲，而金钱和名誉，都是可有可无的附加值。

若是束缚太多，无法做自己想做的事，久而久之一定会身心疲惫、无所适从。这个时候，应该学会让自己换一种活法，保持淡定，不为他人的言语和决定而改变自己的意愿，人生自会惬意无比。

我们总会听到有人抱怨，如果当初怎样怎样，现在就能如何如何。可是，时间的大门一旦关闭就不可能再开启，人生就是一场单程的旅途，没有回头的路。生活太累，有太多的遗憾，就是因为给了自己太多束缚，不敢打破规则，追求最初的梦想。学会把自己的感觉叫醒，放开心胸，放下种种担心和顾虑，勇敢地向着梦想前进，无论别人如何看，你都可以过得很快乐，因为这才是你真正需要的，才是真正属于你的人生，属于你的幸福。

趁着自己还没有麻木，赶紧去看看自己最初的梦想吧，若你不去闯，那么它就是你一辈子的梦想，若是去做了，那么梦想自会照进现实。人生太短暂，时间不等人，有些事情现在不做，就再也没有机会做了。问问自己的心，去爱自己真正爱的人，去做自己想做的事，走向最期待的未来。

7. 别让梦想遗憾搁浅

梦想如果不趁早去追，很可能就在匆匆赶路的途中，被遗忘了。

都说心动不如行动，当我们着眼于梦想的时候，总会产生一种奋斗的冲动和激情。若是将这种热情投入到行动中，那么早晚有一天我们的梦想会照进现实；若是不付出行动，那么你的一切梦想都只是幻想。

把梦想放在心里，会开出勇敢的花，但若一直不敢用行动去灌溉它，这朵花迟早会枯萎。因为梦想经不起等待，梦想不在于有多遥远，而在于我们是把它供奉在心里，还是为了它的实现而采取了实际的行动。

很多人都认为，只有事先有了非常充分的准备后，才有能力去追逐梦想，并用这个理由拖住了追寻的脚步。但实际上，这种常规的思维并不一定就是正确的，即便你自身的条件还不够成熟，但你也有行动的资本，即便你现在做得不够好，也可以当作是射击前的定位，在行动中不断调整自己，你的能力才能不断得到提升，才能越来越靠近自己的梦想。

时间可贵、青春可贵、生命可贵、机遇可贵，你觉得梦想可以等待，殊不知，时间不会等你，青春不会等你。很多美好的事物，往往都是在等待中被搁浅了。

一对兄弟外出旅行归来，想要乘坐电梯，却发现大楼停电了！这可怎么办？他们住在这幢大楼的80层，为了赶紧回家，两兄弟决定爬楼梯上去。

起初，他们还斗志十足，可是爬到20层的时候，兄弟俩就觉得体力不支了。哥哥说："这个包实在太重了！我们先把它放在这儿吧，等来电后坐电梯来拿。"于是，他们把行李包放在了20楼，卸掉了这个包袱，他们顿时觉得轻松多了。

两兄弟有说有笑地往上爬，到了40层的时候，他们累坏了，想到还有40层楼梯要爬，他们开始互相埋怨，指责对方没有注意大楼的停电公告。在争吵中他们一步一步地往上爬，就这样又爬到了60层。到了60层，他们累得已经没有力气再吵架，弟弟说："既然都到了60层，我们别再吵了，干脆爬完算了！"于是，兄弟俩默默地往上爬，终于到了80层！

好不容易回到家门口的兄弟俩非常兴奋，可这个时候他们突然发现，钥匙丢在 20 层的行李包中……

这则故事虽然没有直接讲述人生和梦想，但它却蕴含了深刻的人生道理：20 岁之前，背负着很多的压力和包袱，因为自己活在师长的期望之下，而自己的心态和能力也不成熟，因此步履难免不稳；等到 20 岁之后，脱离了众人的压力，卸下了沉重的包袱，开始专心地追逐自己的梦想，于是又愉快地度过了二十年；到了 40 岁的时候，猛然回首，发现青春不再，不免觉得有遗憾和追悔，因此开始不停地惋惜、抱怨……在这样的一种状态下，生活还要继续，一转眼就到了 60 岁。

这时，人们突然意识到人生已经所剩不多，警告自己不要再抱怨，珍惜剩下的时间。于是，默默地度过自己的余年，直到生命的尽头，又忽然想起好像有什么事情还没有完成。原来，是自己把所有的梦想都留在了 20 岁的青春岁月，还没有实现。所以说，梦想如果不趁早去追，很可能就在匆匆赶路的途中，被遗忘了。

可见，梦想需要行动，但不是盲目的行动，在追梦的过程中，你应该时时反思，专注于自己的付出，这样你才能不断调整自己的步伐。若是一路上走一步四处看看，就很容易迷失。

在南美洲的亚马孙河边，青青的牧草引来了一群羚羊，悠然地在岸边享受着美味。

岂不知就在这时，一只猎豹隐藏在远远的草丛中，竖起耳朵四面旋转。它觉察到了羚羊群的存在，于是悄悄地、慢慢地接近羊群。在越来越逼近的过程中，突然，羚羊群有所察觉，忽的一下四散逃跑。猎豹像百米运动员一样，瞬时一跃而起，像箭一般地冲向羚羊群。它的眼睛死死盯住了一只未成年的羚羊，直奔它而去。

虽然羚羊飞也似的奔跑，但仍然跑不过豹子的腾跃。在这追与逃的过程中，眼看就要挨着羚羊群了，可猎豹却从一只又一只站在那里观望的羚羊身边跑过。它没有掉头改追这些更近的猎物，而是从头至尾都在使劲地朝着那只未成年的羚羊疯狂地追去。

最后，那只小羚羊终于跑累了，豹子也累了；在累与累的较量中，最后比的就是速度和耐力了。终究，小羚羊的屁股被猎豹的前爪狠狠地抓挠了一下，羚羊倒下了，豹子朝着羚羊的脖子狠狠地咬了下去。

行动是思想的体现，没有行动，别人永远不知道你在想些什么，日子久了，就连自己都不知道自己曾经梦想过什么了。在大脑支配我们的同时，我们应该服从大脑，付诸相应的行动，尤其当我们想到的可能是我们的梦想。

在猎豹眼里，它需要的是一天的口粮，于是它行动了，而且向着最初定下的目标行动了——一只弱小的羚羊。我们每个人的眼界都有限，无法将全部的风景都收在眼中，猎豹也是如此，因此它只看准最初盯上的那只羚羊，不管身边有多么接近、肥硕的羚羊，它都不忘初衷、目不斜视，直到最终盯准的猎物被自己踩在脚下……

我们实现梦想的过程和捕猎的过程差不多，最初的梦想就是我们眼中的那只羚羊，有些人选择追逐，有些人选择幻想。选择幻想，不付诸行动的人注定会饿死在追梦路上，而选择追逐的人，也不一定总能成功。因为有一部分人在半路上被其他的风景诱惑了，这样一来，就无法专注于一个目标，使自己的梦想丢失在路上，但若是这个人有着猎豹一样的专注力，那么一切就不一样了。

由此可见，我们有了梦想就要付诸行动，而付出行动的同时我们又需要极高的专注力。荀子在《劝学》中说得好："蚓无爪牙之利，筋骨之强,上食埃土,下饮黄泉,用心一也。"古代棋艺高手弈秋教二人下棋的故事,想必我们早已耳熟能详。专心致志听讲的人肯定能够学到真本领;一心想着射鸿鹄的人,能够学到一些皮毛就已经很不错了。做事的成败与难易,与底子的薄厚、力量的大小都没有决定性的关系;只要专一地向着目标前进,无形中就排除了那些纷繁杂冗的干扰,以最简捷的方式去达成最终的目标。

戴尔·泰勒是美国西雅图一所著名教堂德高望重的牧师。20世纪60年代的某一天,他向学生宣布:谁要是能背出《马太福音》第五章到第七章的全部内容,他就邀请谁到西雅图的"太空针"高塔餐厅免费会餐。

这太空针高塔高185米,登上高塔餐厅可以一览西雅图的美景。另外,那里的甜点也是孩子们向往的美味,可以说那是每个孩子都梦想去的地方。但是要获得这个机会并非易事,因为圣经《马太福音》第五章到第七章又称"山上宝训",是圣经中的著名篇章,有几万字的篇幅,而且不押韵,要背诵全文有相当大的难度。

但是有一天,一个11岁的学生胸有成竹地坐在戴尔·泰勒牧师面前,以孩子特有的童音从头到尾一字不漏地把原文背下来,没出一点差错,而且到了最后,竟成了声情并茂的朗诵。泰勒牧师惊讶地张大了嘴巴。要知道真正的教会门徒能背诵全文的也是少有的,更何况是一个孩子!

牧师不禁好奇地问:"你是如何背下这么长的文字的?"

这个孩子不假思索地回答:"我只是专心致志地去背。"

十六年后,这个孩子成了一家知名软件公司的老板,他的名字叫比尔·盖茨。

在人生的道路上，外在的客观原因起一定的作用，但个人的主观努力却是最根本的。比尔·盖茨无论是对《圣经》的背诵还是后来他所取得的伟大成就，都得益于他的头脑中在同一时间段内只保持着一个简单的想法：集中精力做好眼前的事。比尔·盖茨的竭尽全力向我们昭示了这样的道理：一个人如果能够把全部的精力倾注于目标，那么终究会取得优秀的成绩；相反，如果心中不专一、做事不专注，很有可能使与己有关的一切难以实现，最终虚度一生。

分散精力很容易一事无成。生活中很多人之所以没有实现梦想，大都是因为他们容易见异思迁，注意力也就难免被分散了。如果不能将梦想转化成专一的行动，那么你的梦想将永远只是梦想。

新东方董事长俞敏洪说："每一条河流都有自己不同的生命曲线，但是每一条河流都有自己的梦想，那就是在转弯处奔向大海。我们的生命有的时候是泥沙，你可能慢慢地就会像泥沙一样沉淀下去了，一旦你沉淀下去了，也许你不用再为了前进而努力了，但是你却永远也见不到阳光了。"

学会理性思考吧！梦想是人生的翅膀，插上了翅膀，才能够飞向远方。在人生不同的阶段，会有不同的历练和想法。如果等到所有的条件都成熟才去行动，那么你也许就要永远等下去；行动随着眼前的风景不断改变，那么你也许永远都在转变中追逐。唯有在梦想之初就开始行动，专心致志向着一个方向前进，你才能最终实现梦想。

/ 第四章 /

奇迹源自于不可思议的信念

成功从来都没有奇迹,创造奇迹的,只能是你自己。只要你相信自己,接纳自己,坚持自己,你的人生就会像奇迹一样了不起。

1. 人生的奇迹来源于坚持

世间最容易的事是坚持，最难的也是坚持。

小小的水滴，力量微弱，可在长年累月的坚持下，它能滴穿坚硬的石头。人可以脆弱，但不能一直脆弱，在困难面前可以恐惧，但不能退缩，要有水滴一样的韧性。追随着自己的内心，在时间的跑道上，不抱怨、不放弃，最终走到心中的目的地，与最好的自己相遇。

读过《致加西亚的信》这本书的人，一定还对故事中的主人公罗文记忆犹新。书中讲到，罗文接受了一个任务——给加西亚将军送信，可是谁也不知道加西亚将军在什么地方，谁也不知道如何才能联系上将军、怎样才能到达。面对这样的难题，罗文没有多想，他努力去执行这个看似不可能完成的任务，历尽艰辛地把信送达了目的地。至于罗文在徒步三周、历尽艰险、走过危机四伏的国家，把信送到加西亚手中的过程中是否抱怨过，我们不得而知，书中也没叙述。但我们可以确定一点：如果没有执着和坚持，在困难重重中，罗文肯定是完不成任务的。

没有执着，蚂蚁可以不用再忙忙碌碌地觅食，太阳可以不用每日东升西落，沙漠可以不必拥有绿洲，海水可以不用潮汐更替，鲜花可以不用年年争相开放，苍鹰也不用不辞辛苦地练习飞翔……可倘若如此，这个世界会变成什么样？

　　世间最容易的事是坚持，最难的也是坚持。说它容易，是因为只要心中有信念，每个人都可以做到；说它难，是因为能够真正坚持下来，能够给梦想足够时间的人太少。

　　没有人能够随随便便成功，没有挫折和努力的终点不是尽头。人可以平凡，却不能平庸，即便你没有什么鸿鹄之志，但你也该有着自己的幸福和未来。不懂为自己的明天铺垫、努力的人，最终就只能和未来的美好无缘相遇，有时只需要一些坚持，你便能发现人生的奇迹。

　　有一位了不起的推销大师，一生中取得了无数辉煌成就。年老的时候，他不再致力于推销各种商品，而是四处演说，传授推销技巧。

　　有一次，他接受邀请，进行一场演说。知道推销大师的到来，人们很早就坐进了会堂中，毕竟成功经验这种东西没人嫌多。

　　演讲开始的时候，帷幕拉开了，人们看到舞台的中央摆放着一个架子，架子上吊着一个巨大的铁球。推销大师走上台后，向人们鞠了一躬，台下响起了热烈的掌声。接着，大师邀请了两位体格强壮的听众，给了他们两个大铁锤，让他们对着铁球敲，直到铁球能够荡起来。

　　刚开始，这两个听众信心满满，毕竟他们有的是力气。可奇怪的是他们用力地敲过去，铁球纹丝不动，还将他们的手臂震得发麻。不管他们怎样用力，铁球就是不动。最终，两个听众挫败地回到了听众席。推销大师没有说什么道理，只是从口袋里掏出了一个小铁锤，然后对着铁球轻轻地敲了一下。停顿过后，他再次用小铁锤击打铁球。就这样，他敲一下，停一下，整个过程持续了整整40分钟！

　　最开始的10分钟，人们还很淡定，20分钟过去后，一些人看上去有些浮躁，30分钟过去后，整个会场都开始骚动。直到40分钟后，有个坐在前排的人突然说道:"铁球动了!"

这时人们才停止议论,整个会场瞬间安静下来,人们聚精会神地观察铁球。这个球虽然摆动的幅度很小,但是仔细观察就会发现它确实在动。即便这样,大师仍旧没有停下来,他依然敲打着铁球,最终铁球越荡越高,全场爆发出热烈的掌声。

这就是所谓的蝴蝶效应。虽然很多人都认为蝴蝶飞不过沧海,但没人知道蝴蝶在大洋彼岸扇动翅膀的影响力有多大!任何成功都不是一蹴而就的,所有的成功都是积累而来的,没有人能够一步跨过沧海,但是你在海上哪怕只有一叶扁舟,也能助你到达成功的彼岸,自然,关键在于你是否懂得坚持。

坚持是一种不放弃的精神,说来简单做来难。正是因为如此,能够品尝到成功滋味的人只是极少数。你通过努力、坚持虽然不一定能够成为伟人,但一定不会成为庸人。你是自己人生的创造者,这种喜悦是别人羡慕不来的。

人生的成功贵在争取,不论生活给了你怎样的磨难,只要你坚持不懈,最终成功一定会对你露出笑脸!

2. 真正的救世主是你自己

等待别人的救助无异于束缚了自己的能力。

人不仅有生存的本能，更有关于人生的思考和情感。比起那些依靠本能而活的动物，人的欲望要多得多，但并不是每个人都能够实现自己的欲望。遇到这种情况，很多人或许抱怨命运的不公，或许在想自己的能力不够，接下来，人们便将这种自觉难以实现的愿望寄托于命运和他人身上。

依赖是一种习惯，在人脆弱的时候，总希望有人能够拉自己一把。确实，当人生遇到艰难，难免会向他人寻求帮助，但你要知道，这只是在你走不下去时的一点依靠，并不能成为你的一种活法。

人要为自己找活路，没有人能够一直帮助你，要学会为了自己而奋斗，不要将希望寄托于别人。我们有手有脚，不比别人差，完全没必要一味依靠别人。

人生在世，应该以一种宽大的胸怀坦荡地活着，在烦恼压身的时候，我们不能想着别人来拯救自己，而应该首先想到自救，自己为自己搭起求生的阶梯。只有这样，你才能给自己找到一个光明的出口。

能力是属于自己的，这些别人夺不走，而别人施舍的恩赐随时可能消失，就算为自己找退路，你也要懂得"凡事应靠自己"这个道理。人的一生中，自己才是最大的依靠，只有成为一个名副其实的、真正掌握自己命运的舵手，自己的未来才会有希望和成功。

在《聪明的笨蛋》一书中，讲到了作者从小是不被老师看重的孩子，就连他长大之后，还曾经两次被公司领导辞退过，令他甚感疑惑的是，为何他如此努力，却仍旧是一个笨蛋。

他也曾经为此否定过自己，在内心做过强烈的挣扎，并且在那个时候，他甚至还被别人称为"精神病"。然而，他内心深处始终有一个声音在呐喊——靠自己坚持下去。正是凭借这样的信念，面对失败，他一次次坚强地撑过去了，其间确实遇见了几位不错的老师，另外，在妻子的鼓励下，他最终如愿取得了心理学博士学位。

在他54岁那年，他终于理解了"学习障碍"这个名词，还知道了他之所以受了如此多的苦难之缘故，后来他还以自身受苦的经历给予了身边很多人帮助。

只要自己抱有十足的信心和顽强的毅力，困难就会被战胜。上文中的作者也正是凭借自己的信念将各种障碍克服掉，当然这不是别人所能给予的，因为靠谁都不如靠己。

泰戈尔曾经说过："顺境也好，逆境也好，人生就是一场面对种种困难无尽无休的斗争，一场敌众我寡的战斗。只有笑到最后的，才是真正的胜利者。"可以说，在信念的驱使下，在拼搏精神的照耀下，就没有跨越不过去的山，也没有迈不过去的坎儿。人是脆弱的，但没有我们想的那样脆弱，你的抗压能力在于你是否敢于去抗压。

依靠别人生存的人，最终只会消磨自己，让自己的能力每况愈下。人的能力是锻炼出来的，只有懂得奋斗，敢于奋斗，你才能成为生活的强者，成为别人能够依靠的人，而不是依靠别人的人。

"琼斯乳猪香肠"是美国人人皆知的一种美食，它的发明者叫琼斯。在琼斯发明这种美食的过程中，还有着一个感人至深的故事——琼斯与命运进行的斗争。

琼斯之前工作于威斯康星州农场，那个时候，他的生活尽管非常贫穷，但他身体强壮，工作认真勤勉，生活得比较幸福。

但是，谁也没有想到的是，一次意外事故使得琼斯瘫痪在床。在很长一段时间里，他整天生活在可怕的阴影里，每天抱怨老天对他的不公平，他痛苦极了，甚至连他的亲友都觉得他此生彻底完蛋了。

有一天，琼斯的妈妈鼓励儿子说："琼斯，我不愿意听你说生活的糟糕是上天的意愿。你要知道，是你自己掌握着自己的命运。"

在接下来的几天时间里，琼斯都在深刻地反思妈妈说的这句话："是啊！为什么只是埋怨上天，而想不到自己主动去改变命运呢？尽管我没有了双腿，但是我还有我的大脑啊！"

从那日起，琼斯每天信心十足，同时也让家人重新燃起了希望，他决定自己致富。在那段日子里，他每天都会在心中留下积极的想法，而快速过滤掉一些消极的想法。

经过数日以后，琼斯终于告诉家人自己的致富构想："实际上，我们的农场完全可以改为种植玉米，用收获的玉米来养猪，然后趁着乳猪肉质鲜嫩时灌成香肠，将它们出售出去，我想销路一定会很好！"

果然，事情就像琼斯提前预料到的那样，待家人按他的计划准备好一切后，"琼斯乳猪香肠"真的红遍了美国，成了受大众欢迎的美食，琼斯也因此彻底改变了自己的命运，从此一家人的生活富足起来。

尽管老天为琼斯关上了一扇门，但同时也为他开启了一扇窗。在我们每个人生活的道路上，一旦前方出现"挡路石"的时候，我们一定要凭借自己的双手，发挥自己的优势和能力，如果只是期盼别人过来帮助自己，问题永远得不到真正的解决。

俗话说得好"天无绝人之路"，不管生活以什么样的脸庞面对我们，我们都要始终坚信"人生没有过不去的火焰山"。琼斯之所以最后能让"琼斯乳猪香肠"一炮走红，就是因为他有着一颗坚定的心，自始至终都坚信"冬天过后春天就不会太远"。他未被眼前的绝境所吓倒，而是依靠自己的聪明智慧，从绝境中看到了希望，寻找到了致富的道路。

每个人的生活中不可能都像春天般的好天气，也不可能没有风风雨雨的降临。只要自己有接受风雨的勇气和宽广的胸怀，即便被挫折打倒在了地上，也要坚强地爬起来，重整自己的装束，以乐观的心态挑战自我，挑战命运。若是只在原地等待他人的帮助，那么说不定你会永远停留在原地，就算有人好心拉了你一把，在等待中你也耗费了大把的时间。

等待别人的救助无异于束缚了自己的能力。我们可以通过下面的故事看一看。

在一座废弃的楼房里，一个孩子正在那里玩耍。忽然，他听见不远处传来了一阵悲伤的哭泣声。于是，他顺着声音望去，只看见，在一个角落里，有一个四四方方的铁笼，里面囚禁着一个骨瘦如柴的人，哭泣声就是这个人发出来的。

孩子急切地问："你是谁？"

那个人回答："我是我的生命。"

孩子接着问："谁把你关在这里的？"

那个人说："我的主人。"

"谁是你的主人？"

"我就是我的主人。"

"嗯？"孩子有些不解。

那个人继续回答："谁也没有囚禁我，是我自己囚禁了自己。当我欢笑着企图在人世间展示我生命的欢乐时，我发现一不谨慎就有落入陷阱的可能，从而跌入黑暗的低谷，一不谨慎就会遭受风雨的猛烈袭击，甚至会被风浪一下吞没，所以我变得很懦弱，内心也十分恐惧，于是，我就将自己囚禁在这个铁笼里，我认为这样非常安全，不会有危险发生在我的身上。我从来不敢也无法冲出铁笼去面对生活，而一天天的哭泣会让我的生命流干。"

孩子并不懂那个人说的究竟是什么含义，他只是心想："我要设法砸碎这铁笼，将这个人尽快解救出来。"于是，这个孩子找来了一把大榔头，拼尽全力，向铁笼砸去……直到这个孩子累到了极点，铁笼还是没能砸开。见状，那个人顿时怜悯起这个孩子来："唉，把榔头给我，让我自己砸开它吧。"话音还没有落下，铁笼就已经散开了。

在人生的路途上，我们谁也无法预知未来可能出现的各种挫折，一旦我们遭遇挫折，我们是否有勇气进行自我拯救，大胆地走出逆境中的泥泞，从而打开上帝为自己开启的那扇窗呢？

当遇到挫折的时候，如果我们选择逃避，将自己囚禁在自认为安全的大"网"里，那样就意味着我们已经迷失了自己，离"真我"也会越来越远。要知道，从我们诞生日起到离开这个人世，有一个最为可怕的敌人——自己，它会一直陪伴在我们的左右。我们只有不断超越自我、挑战自我，才能逐渐强化薄弱的意志力，从而强化我们的神经，进而摘取成功的桂冠。

我们自己才是自己真正的救世主，只有自我拯救才能在眼前出现"生"的奇迹。

3. 你无须仰视任何人

只要你做好了自己，那么你的人生就不是天注定，而是你的决定。

都说人的命天注定，但事实真的如此吗？确实，命运会给你安排很多条路，但选择权还是在你手里的，所以才有"尽人事，听天命"这样的说法。如果你将一切都交给命运，那么你只是命运手中的玩偶；若是你将命运掌控在自己的手里，你就能够选择出最佳的那条路线。

什么是最成功的人生呢？这个概念实在过于抽象。但唯有一点是必须坚信不疑的，那就是，成功的人生并不在于你获得了多少东西，也不在于你一定要做得比谁更好，而在于你必须要做好自己，体现出自己的人生价值。而这恰恰是一个人对人生的最高追求。

一只大猫看到一只小猫在追逐它自己的尾巴，于是问："你为什么要追逐自己的尾巴呢？"小猫回答说："我听说，对一只猫来说，最好的东西便是幸福，而幸福就是我的尾巴。因此，我要追逐我的尾巴，一旦我追逐到了它，我就会拥有幸福。"

"傻孩子。"大猫说，"在年轻的时候，我也曾经认为幸福就在尾巴上。但后来我发现，无论我什么时候去追逐，它总是逃离我，于是我放弃了。

结果呢？当我着手做自己事情的时候，才发觉无论我去哪里，它都会跟在我后面。"

我们的命运有时就像是猫的尾巴，上天安排它长在我们身后，至于怎样对待，就在我们自己了。人生需要拼搏，但有时也需要顺其自然，就像追逐尾巴的小猫那样，让幸福自然跟在自己身后。

有时，你觉得现在做得不够好，觉得自己与成功还有千里之遥；或许，你觉得现在做得很好，觉得自己还想再做得更好。但是，不满自己也好，超越自己也好，成功的标准不高也不低，它只需要你做好自己就行。

的确，戏剧小人生，人生大舞台。每个人，都是人生舞台上的演员；每个人，都是在人生舞台上扮演自己的演员。无论你是光彩照人的大人物，还是默默无闻的小人物，这些都不是重要的，重要的是你要演好自己。只要你做好了自己，那么你的人生就不是天注定，而是你的决定。

莉莎今年只有8岁，她非常热爱表演。有一天，学校要排演一个大型的话剧《圣诞前夜》。莉莎感觉到自己的机会就要来了。在爸爸妈妈的鼓励下，莉莎去了面试的地点。她原本以为，自己会成为主角，然而令她没想到的是，自己却只是扮演一条小狗。回到家，莉莎无比失望，连晚饭也不想吃。

妈妈看到莉莎这个样子，心里也很难受，便和她聊天："莉莎，你得到了一个角色，不是吗？"莉莎红着眼："妈妈，你别安慰我了，我只能演条狗，只能汪汪叫！"妈妈看着她，严肃地说："你为什么会有这种想法？其实，你不要看不起这个角色，你完全可以用主演的心态去演戏。你只有投入进去，才能够演好，即使角色只是一条小狗，你也可以成为主演。只要拥有主演的心态，你就是主演。"莉莎听了妈妈的话，一个人对着镜子喃喃自语:"对啊,其实我需要的是一个上台的机会,而不是一定要当主角!莉莎,哦不,那条小狗狗,我不该看不起你的,毕竟你就是我。"

从这以后,莉莎再没抱怨过什么,全身心地投入到排练之中。很快圣诞节到来了,尽管莉莎不是主角,可是她用心的表演,赢得了所有人的掌声。甚至,她的风采已经盖过了主角,所有人都被她那精彩的演技折服了。那个夜晚,几乎所有的人都记住了那条汪汪叫的"小狗",莉莎激动得热泪盈眶。

虽然扮演的只是一条汪汪叫的小狗,但是莉莎用心的表演,赢得了所有人的掌声。生活中,如果我们通过自己的努力去演好自己的角色,那么你就会发现,即便是其他人的配角,你也能演出主角的风范,过上精彩的人生。

其实,成功不一定要看你拥有了多少财富、权力,而看你是否能够驾驭自己的人生。真正的人生赢家,不一定有房屋千万所,但一定有着幸福的生活。

卡耐基曾经说过一段耐人寻味的话:"发现你自己,你就是你。记住,地球上没有和你一样的人……在这个世界上,你是一种独特的存在。你只能以自己的方式歌唱,只能以自己的方式绘画。不论好坏与否,你只能耕耘自己的小园地;不论好坏与否,你只能在生命的乐章中奏出自己的发音符。"

人每天奔波在繁华都市中,所追求的应当是自我价值的实现。所以,我们不该为自己是他人眼中的主角就扬扬得意;也不要为别人的轰轰烈烈而无地自容;更不要为自己的平平常常而妄自菲薄。

做好自己人生的主角,你便扼住了命运的咽喉,掌控了自己的人生。最好的命运不是财富,不是表象,而是内心的满足。不要在意世人的看法,做好自己,活出自己的风采,你的人生便是最好的。

4. 让自己破茧成蝶

相信自己是一只蝴蝶,你才能向着化茧成蝶的方向努力。

自古以来,哲学家们便已给我们一个极重要的忠告:接纳你自己。世界上有那么多自我的人,但不是每个人都能完完全全接纳自己的。

哈佛大学的米勒教授指出,具有强烈自信心的人,才是生活中的幸运者。因为他们从小养成了接纳自己的习惯。这种习惯,能让他们很好地认识自己,从而有选择地进行学习,让自己变得更加完美。这种习惯,能让他们对生活充满了信心,能承受各种考验、挫折和失败,敢于去争取最后的胜利。这种自信心,让他们一辈子受用不尽。

当然,我们不能说,只要接纳自己就能成功,但是我们可以说,不敢接纳自己一定无法取得成功。一个连自己都不敢承认的人,心中自然充满了自卑,从而失去奋斗的勇气。但是站在旁观者的角度来看,这样是不是太傻了些?自己的人生为什么要让不了解自己的人来做决定呢?

太过在意别人的眼光就是为自己设置了一道障碍,让自己在前行中更为艰辛。有这样一句名言:"你之所以感到巨人高不可攀,只是因为自己跪着。"不要把自己看得太卑微,就算别人鄙视你,你也不能否定自己。相信自己是一只蝴蝶,你才能向着化茧成蝶的方向努力。

索菲亚·罗兰演过100多部影片,获得过奥斯卡金奖。她16岁第一次拍电影时，摄影师拿着摄像机围着她转来转去说，没法拍，还向导演抗议说："导演，你找了个什么演员啊！我怎么拍，都感觉不对。"

那部电影的导演是意大利的著名导演卡罗，他没办法跟自己的摄影师好好地谈一谈，因为他们已经搭档了好几年了。最后，他只好找到索菲亚·罗兰，对她说："你很有表演才能，但我的摄影师提出抗议，说没法把你拍得美艳动人，因为你的鼻子太高了，你的臀部过于发达，你回去处理一下就可以拍了。"

任何一个女人听到这样的话，要么勃然大怒，要么伤心难过。但索菲亚·罗兰却没有这些情绪，她对卡罗说："导演，如果我脸上有个疤，我会很愉快地做手术，但我鼻子只是高了一点，臀部发达了一点。这正是我个人的特点，美是没有统一的标准的。"导演听到这样的话，觉得很有道理，决定电影继续拍，摄影师不得再抗议。

结果这部电影就拍成了，并且受到了人们的欢迎，索菲亚·罗兰一下子走上了大屏幕。后来她充分发挥自己的长处，最终以自己的本来面目获得了成功，成为世界级影星。

有些东西也许无法改变，关键在你怎样看。生命中总会有些"茧"，你可以不去在意，但若是别人在意了，你要怎样做呢？

索菲亚·罗兰的故事告诉我们，不能总是随着别人的目光变来变去。所谓"众口难调"，大千世界，每个人的喜好都不尽相同。将自己的生活放置在别人的标准和目光中，相对于短暂的人生而言，该是怎样的一种悲哀和痛苦。

别人怎样看待自己真的没那么重要，你怎样看待自己才是最重要的。或许生命中有不能承受之痛，而这种痛苦甚至可能是别人茶余饭后的笑料，但不管怎么说，自己都应该尊重这种磨难，因为它将会成为你明天登高的基石！

　　我们所拥有的本来就不多，如果因为别人的眼光再去否定自己所拥有的，那么不幸感只会越来越强烈。在那些恶意中伤自己的人面前堵上耳朵、蒙上眼睛，只看自己的内心，这样你才能向着最初的方向前行。

　　总之，不管我们的梦想是什么，要想取得成就，我们首先要做到的就是接纳自己，让自己拥有自信，让自己与梦想更接近。等到时机一成熟，得到的不仅是一个全新的自己，还会得到了一份属于你的成功。

5. 机会来了，你准备好了吗

　　时刻准备着，当机会来临时你就成功了。

　　我们身边总有人这样感叹："好好的一个机会就这样白白地错过了。"当听到这种感叹的时候，人们无不感到惋惜。机会何其珍贵！有时我们等待的不过是临门一脚，机会稍纵即逝，一闪而过，没有把握住就只能悔恨叹息了。

　　一所名牌大学的校训这样写道："时刻准备着，当机会来临时你就成功了。"如果总想着等待机会，却忘了在等待的过程中做准备，那么当机会来临的时候就打了我们一个措手不及，整体的步调都乱了，更谈不上成功。这也正是大部分人不能成功的原因。

　　纵观那些成功人士，你或许要感叹他们的幸运，机会到时一把抓住，然后就跃上了人生的巅峰，但事实上，在这个机会到来之前，他们已经积蓄了足够的力量，等待着最后的临门一脚。

机会只会留给那些有准备的人。对于那些懒惰者来说，他们总是和机会擦肩而过；再多的机会，也只能让他们感到无奈和无所适从，因为他们没有能力去把握机会；只有那些坚持不懈的努力者，总是兢兢业业、精益求精地工作，他们的运气迟早会到来，他们的事业迟早会成功的。人不是靠偶尔撞在木桩上的兔子才获得成功的，通常我们所说的命运的转折点，也许就是因为一个意想不到的机会才出现的。

麦克阿瑟将军说过："召集军队上战场的军号声对于军人来说，就是一种机会。但是，这嘹亮的军号声，绝不会使军人勇敢起来，也不会帮助他们赢得战争，机会还得靠他们自己来把握。"

对于机会的把握，一方面要学会厚积薄发，在机会来临之前，坚守着自己的信念，为实现目标踏踏实实地努力，不断充实自己、完善自己，做好充分的准备，随时迎接机会的到来；另一方面，机会的把握还需要一定的魄力和耐心，大的机会往往不是一朝一夕就能实现的，没有真正的雄心壮志和持之以恒的精神，再大再好的机会也会半途而废。

第二次工业革命是人类进步的一次转折点，很多新科学新技术层出不穷，人们需要越来越多的能源来提供动力。而当时有一种新兴能源——石油，还没有引起人们的足够重视。

这时候谁能发现机会并把握机会，就能成为那个时代的幸运儿。约翰·洛克菲勒以他敏锐的洞察力，发现这是一个不可多得的机会，如果马上行动，将来一定会大有可为的。

洛克菲勒立即找到一个合伙人，塞缪尔·安德鲁曾经是洛克菲勒的同事。这个人是一个维修工，他非常聪明，而且技术水平非常高，他发明了一种新型炼油加工方法，用这种方法可以炼制出优质的石油，并且成本控制得比较低。

生意做得越来越好，由于他们生产的石油质优价廉，在市场上非常具有竞争力，没用多长时间，洛克菲勒就得到了第一桶金。此时的洛克菲勒已经打开了通往成功与财富的大门，他正满怀信心地向目标前进。就在这时，他的合作者塞缪尔·安德鲁已经满足于目前的一点点成绩，逐渐失去了开拓的雄心，从心底滋生出来的惰性使他不想进一步改进石油的冶炼工艺，他变得懒惰和贪图享乐，终于有一天，他向洛克菲勒表示，希望终止合作关系。

作为给合伙人的补偿，洛克菲勒毫不犹豫地给了他100万美元。合伙人走了，拿着钱去奢侈地度日，不思进取地挥霍了。而洛克菲勒立即找到了一位新的合伙人，他们很快就将石油冶炼工艺升级换代，逐渐把一个小小的冶炼厂，打造成一个世界级的超级公司——美孚石油公司。

同样的机会摆在洛克菲勒和第一个合伙人的面前，他们都有可能在那样一个伟大的时代做出一番伟大的事业来。然而对于同样的机会，他们二人的理解却完全不同，付出的行动也不尽相同，因此，合伙人错过了机会，洛克菲勒抓住了机会。

我们每天脚踏实地地工作，从每一次进步中总结经验，从每一次失败中总结教训，为的就是实现人生的理想，实现终极目标。一旦机会出现了，以往的积累就有了用武之地，抓住机会是我们唯一的选择。

当我们的积累和经验达到一定程度的时候，机会往往会不请自来，这时候把握机会就是一件顺理成章的事情，就算机会没有及时来到，那么凭借我们积累到的那些智慧，也足以支撑我们去寻找机会、把握机会，实现自己的终极目标。

所以，不要一味地抱怨机会不光顾，或是它来得不是时候，多充实自己，你才能把握住稍纵即逝的机会。要知道，机会是留给那些有准备的人的，人生路那么长，过去的已经过去，不要留恋，踏踏实实地走好每一步，积蓄力量，等待下一次机会。

6. 心存希望，就有了坚持的理由

只要心存希望，就没有闯不过去的狂风和暴雨。

"怯懦囚禁人的灵魂，希望才可感受自由。"这是电影《肖申克的救赎》里主人公安迪所说的一句话。

当我们面临人生困境的时候，是绝望地沉沦下去，还是充满希望地前行？就像那句话："你不必害怕沉沦与堕落，只要你能不断自拔与更新。"而这种更新的基础，就是内心永远憧憬着未来的希望。它像一扇窗，让我们不再受制于紧紧包裹着的世界，倾听内心的世界，感受自由，体味轻舞飞扬的人生。

安迪在高墙里和瑞德聊天："我希望去墨西哥的一个小岛；我希望去太平洋，用墨西哥语言说，那里叫作'失去记忆的地方'；我希望有一个小旅馆；我希望有几只废弃的小船，然后自己动手把它修好，带着我的客人去海上钓鱼……"

而这里的高墙，就是横阻于灰暗的囚禁和纯净的自由之间的一扇屏障，是肖申克监狱的界限。更多地，它是囚禁人们内心的枷锁。

安迪就是要在这所监狱里度过余生的囚犯。在1947年的美国，缅因州的一位年轻的银行家安迪被指控枪杀了妻子和她的情夫，因此被判终身监禁，从此开始了在肖申克监狱里的生活。安迪并没有杀人，但在监狱里的每个人都声称自己是"被冤枉的"，因此他的申诉显得是那么苍白可笑。

肖申克监狱里还有另一名罪犯，是那里的"权威人物"，因谋杀罪被判终身监禁，已服刑20年，但数次申请假释都未获批准，他叫瑞德。之所以"权威"，是因为瑞德可以为囚犯们弄来香烟、糖果和酒。瑞德答应安迪帮他弄到了一把岩石锤，让他雕刻石头来消磨监狱里的时光。

而安迪面对残酷的现实，在20年的时间里，利用这把小小的岩石锤挖通了牢墙。终于，在一个风雨交加的夜晚，安迪爬过500码的下水道，逃出牢笼。

获得自由的安迪揭发了典狱长的恶行，并且利用典狱长贪污受贿的钱在太平洋上买了座小岛。后来，瑞德获得假释。在一个阳光明媚的天气里，两位难友终于在太平洋上那座自由的小岛上重逢。

不管经过多长时间，不管经历过怎样的困境，安迪的希望最终都实现了。因为，他一直相信着自己的未来，不管他生活的环境多么恶劣，他都不认为这是自己人生的终点。有多少人终其一生没能到达理想的国度，在现实中自怨自艾。其实不是命运不给你机会，而是你放弃了心中的阳光，任由乌云笼罩了自己的内心，让潮湿的心发霉、腐烂，最终希望也化为乌有。

希望也是一种坚持，你坚信乌云背后有阳光，就可以在漫长的黑暗中默默等待，直到阳光普照，美好生活到来。

诚然，生活中有太多的东西是不以人的意志为转移的，也有很多时候是令我们失望的。也许，我们做着自己并不喜欢的工作，我们一直没有缘分和自己相爱的人在一起；就连每年过生日或除夕零点时许下的愿望也都不一定能实现。太多的希望都只是在人们双手合十中跳跃，却从来没能进入过我们的生活。

然而，那长存于我们每个人心中的自由和希望，是如此迫切地需要救赎。这就如同需要一个公正的上帝，通过安迪，来安慰和拯救更多的灵魂。

在囚犯们外出劳动时，安迪争取了警卫队长的信任，通过自己的会计专长为大家赢得了两箱冰镇啤酒。囚犯们兴高采烈地喝着久违的啤酒，而安迪只是坐在一旁微笑着注视着这一切。

就连瑞德都说，"那一刻，我们坐在春光下喝着啤酒，像自由人在修理自家的屋顶一样，我们是万物之主。"

其实，安迪冒着生命危险想要赢取的，绝非这区区两箱啤酒。他从来不曾放弃的，是他自己和其他囚犯自由的感觉，哪怕这种希望只有一点点。

从这个细节我们不难看出，尽管自己身陷囹圄，尽管自由已经被剥夺殆尽，但是安迪却从未丧失信心，一直对未来充满希望。影片中说："有一种鸟是永远也关不住的，因为它的每片羽翼上都沾满了自由的光辉。"

安迪第二次做出惊人的举动是在播音室里，他通过高音喇叭向囚犯们播放了歌剧《费加罗的婚礼》，让整个肖申克监狱都为之震撼。也许他们听不懂这位意大利女士唱的是什么，也根本没想听懂，因为有些东西无须言语来表达。

但是，音乐却从麦克风中穿透出去，华美的女高音带着空灵的自由之音在高墙内飞翔，那一张张曾经写满过罪恶的囚犯们的面孔，还有平日里穷凶极恶的狱警们的面孔，都在这一刻变得虔诚而高贵，听着这涤荡灵魂的天籁之音。

音乐让每一个人都相信，那是世界上最美好的事物，美得无法用语言描绘，美得让人心痛。歌声高亢悠扬，超越了囚犯们的梦想，就像一只美丽的小鸟飞进了高墙，使他们忘记了铁栏的束缚。此时此刻，肖申克里的所有人都感受到了自由。

在最易磨灭希望的监狱里，安迪用这些方式提醒着自己和身边的人们——这世上还有无法用高墙铁栏围起的地方，这是任何人都无法随意触摸的：这便是存于每一个人心底的希望！只要有希望，一切就都有可能。

6年里，安迪每周给州长写一封信，希望得到捐助扩建图书馆。开始人人都说不可能，但他最终建成了全美最大的监狱图书馆，让囚犯们享受着音乐的洗礼，接触到外界的知识。在辅导年轻囚犯考取高中文凭时，安迪将对方揉烂的试卷从废纸篓中拾起，寄出，最终使对方获得了文凭认证。

其实，每个人都是自己的囚徒，人们在自己的心外围建起了不可逾越的高墙，在上面设置了电网，暗示自己不能逾越，或许是一种自我保护，但也是一种自我封闭。没有绝对的绝境，只有相信绝境的人。

希望让人自由，只要心存希望，就没有过不去的狂风和暴雨。相信希望，就是给了自己一个光明的未来！

7. 最好的人生，掌握在你自己手中

靠山山会倒，靠人人会跑，只有自己最可靠。

传奇商人王永庆曾经说过："先天环境的好坏，并不足奇，成功的关键在于一己之努力。"俗语也说，靠山山会倒，靠人人会跑，只有自己最可靠。最好的人生，就在你自己的掌握中。人活着，最重要的是寻找一片属于自己的世界。这个世界，是别人给不了你的，唯有自己争取。

别人给不了我们光辉的人生，命运同样也给不了，或许它可以给你一个好的出身，或者是一个成功的机会，但最终，还是要靠自己去拼搏。

我们的一生总会面临着很多选择，诸多选择让我们迷失了自己。你希望得到的东西，似乎总是遥不可及；你想要逃避的，却总是如影随形地跟在你身边。当你面对诸如此类的种种不如意时，会希望命运或是别人能来救你，但现实不是小说，更不是电影，没有那么多的救世主，如果真要找，只有一个，那就是你自己。

你如果想要让自己赢得成功和尊重的话，就必须依靠自己的力量去奋斗。

命运给你的一切昨日都是不可逆转的，你能改变的就只有自己的未来。与其咒骂命运，乞求上天，不如相信自己，用豁出一切的勇气来走出一条不凡的人生之路。

孙丽是个漂亮女孩，而且颇有文采，上学的时候就常常吸引异性的目光，而她只倾心于一个和她同样热爱文学的男生。两个人相爱了，并很快手牵手一起迎来了毕业。

校园生活结束后，孙丽的男友去南方打拼，而孙丽则留在读书的城市做了一名文字编辑。这段时间，孙丽继续坚守着自己的文学梦想，同时等待着男友的归来。

为了打发时间，孙丽想起了小时候跟奶奶学的用红绳子打结的手工活，每次都把自己打好的同心结放进写给男友的信里，象征着对男友的思念。然而，这个举动不但没有把男友盼回来，反而带回了一张请柬，她的男友要结婚了，新娘却不是她。

孙丽失恋了，但她并没有就此消沉，她是个自立并坚强的女孩，她还有梦想。从此以后，诗歌成了她的寄托。一次偶然的机会，孙丽认识了一个朋友，闲谈时，朋友劝说她，文学不能当饭吃，搞文学也要食人间烟火。正是这句不经意的话点醒了孙丽，要想继续自己的梦想，就要打好物质基础。

冥思苦想之后，孙丽认为中国的手工艺制品很受欢迎，这时她想到了奶奶教给她的编结方法。有了初步的雏形之后，孙丽买了许多各色的绳子，四处求教，锻炼自己的手艺，终于她编织的图案越来越丰富了。

一开始，孙丽并没有资金做宣传，她就自己推广，印了一些便宜的传单，发散到每一个地区，为此，她没少吃苦头，但孙丽咬牙坚持下来了，没有向任何人求助。

几年之后，孙丽终于让更多的人认识了"中国结"，而它们精美的图案更是让人赞叹不已，购买的人越来越多。孙丽没有就此止步，她在中国结的基础上又开发出许多具有现代时尚气息的饰品。如今，她的中国结遍布全中国，甚至畅销海外。就是这样一个普通的姑娘，却成就了一番大事业。

　　孙丽依靠自己，活出了自己的美丽，她有理想、有目标，并能朝着目标不断前行，不管其间多苦多累，她都没有放弃。她战胜了自己，赢得了一个全新的人生。

　　我们都知道，太阳花具有超强的生命力，即使把它掐断再种到另一个地方，它也能活下去，而且温度越高，生长得越快。然而菟丝花虽然妖娆多姿，但总需要缠绕到别的植物上面，一旦离开了所依附的树枝，它便失去了生存的空间。

　　那些不管是事业还是家庭之所以能够赢得成功，是因为他们从来不依附于他人，在别人说他不具备条件时，也绝不放弃努力，相信只有行动才能把人生引向成功，即使有点灰心，也绝不后退。相较之下，那些失败的人，就像菟丝花，往往缺乏独立意识，他们不想法凭借自己的力量去获得人生的发展，因此也就注定了他们只能成为自然界中的菟丝花，当依附物不在，自己也就颓然倒地了。

　　自己的命运应该由自己掌握，再糟糕的结果也不过是人生低谷。要记住，人生只有一个最低点，只要度过了，之后的每一天都是上升期！

/ 第五章 /

输不丢人,怕才丢人

人生的路,从来都不止一条,一旦选定了,那即便是再苦再难,也要把它走完。即便是最终你输了,那又有什么关系呢,毕竟输不丢人,怕才丢人,不是吗?

1. 自己选的路，再苦再难也要走完

羡慕就是无知，模仿就是自杀。

影视作品中刻画了无数个生活幸福的成功人物，对于一部分人而言，他们奋斗的过程并不重要，即便遭遇了困境，结局也会是圆满的，因为一切都已经在剧本中设定好了。羡慕这些人的生活，羡慕这些人的经历，羡慕这些人的成功，最后在自己的心里把自己也带入其中……

可人是个体，每个人都有不同的命运，上天只设定了大方向，之后要怎么走，还看个人的努力。每个人的剧本都不完全一样，你可以仿照别人的成功模式、奋斗精神，却不能原版照搬照抄。复制出来的成功只是一种表象，并不代表你这个个体。

社会各有分工，每个人都不一定能够做自己想做的事，无论你做什么，其实都有成功的可能。当然，你可能在台前享受鲜花和掌声，但你也可能在幕后促成别人的作品。很多人会说，躲在幕后和路边多没有意思，没有鲜花，也没有掌声。其实大可不必这样想，诚然，鲜花是美丽的，掌声也令人沉醉，但是它肯定台前人成就的同时并不代表否定了幕后人的价值。每个人都是自然界独一无二的，活出真实自然的自己，并且按照自己的个性完善自我，这样的人生才精彩。

有一个女孩，她在很小的时候，就被周围的人认定有很高的歌唱天

赋，她对于声音的把握非常精准。女孩从小的梦想就是成为一名出色的歌唱家，但是上天给予她美丽声音的同时，也留给了她缺点，那就是她的一张阔嘴和一口龅牙。

在一次公开唱歌的机会中，为了显示自己的魅力，她一直努力地用上嘴唇盖住自己的龅牙。但这样使得她在唱歌的时候显得非常的滑稽可笑，最终，她的首次登台并没有得到观众的认可，她失败了。在比赛结束后，她还一个人沉溺在失败的苦恼之中。

但是一个资深的音乐人在听完她的演唱后，认为她很有天赋，也具备很大的潜力。在经过短暂的交流之后，音乐人坦率地告诉她："我看到了你在台上的表现，知道你在试图掩饰什么，你并不喜欢你那口牙齿，其实这又有什么关系呢？有龅牙并不是你的过错，为什么要尽力去掩饰呢？张开你的嘴，只要你自己不引以为耻，观众就会喜欢你的。甚至说不定你的龅牙还会给你带来好运呢？"

这个女孩接受了音乐人的建议，在唱歌的时候不再去想自己的牙齿。站在舞台之上，她关心的只是自己能不能唱出自己的水平。最终，这个女孩实现了自己的梦想，最终成为了一名歌唱家。

认识不到自己的价值，也不敢做真正的自己，这已经成为阻碍很多人成功的根源。只有做回自己，做真正的自己，你的价值才不会被轻易否定。每个人都是这个世界上独一无二的存在，要想获得最后的胜利，就必须植根于自己独特的个性。忽视自己的个性或者故意掩饰自己个性的行为，终将一事无成。每个人都有着自己独一无二的标签，而这个标签就是我们与他人区分开来的标志。

美国著名喜剧大师卓别林在刚刚进入演艺圈的时候，他最开始的想法就是模仿当时一位成名已久的喜剧大师的表演套路。尽管在一段时间里,他绞尽脑汁、煞费苦心地学习和模仿,但是自己却迟迟没有突破,也没有大的作为。在整个戏剧圈里,卓别林的名字就像很多不知名的演员一样,湮没在庞大的从业人群中。

后来,卓别林开始琢磨,能不能创造出属于自己的表演风格。于是,他根据自己的独特个性,创造了独一无二的表演风格,终于成了有史以来最伟大的喜剧明星。

一个美国思想家曾说过:"羡慕就是无知,模仿就是自杀。"即便一个人拥有别人无法企及的天赋,如果只是将这些天赋用在模仿别人身上,最终也只能沦为追随他人的牺牲品。

坚守自我并不是自以为是、故步自封,而是针对个人的特性,想出一个适合自己,能够展现个人才华的方式。一个人不可能成为别人,也没有必要成为别人。

鲁迅先生说过:"我自己,是什么也不怕的,生命是我自己的东西。所以我不妨大步走去,向着我自以为可以走去的路,即使前面是深渊、荆棘、峡谷、火坑,都由我自己负责。"这是一种清醒的执着,是在看清前途后的决断。

鲁迅先生最初是学医出身,但在仙台学医期间,他观看了一部侵华日军残害中国人的电影,而在旁围观的也是一群中国人,他们不仅没有丝毫愤怒反而麻木不仁。这样的场景让鲁迅先生格外痛心,自此,他认为治心比治身更为重要。

于是他决定弃医从文,走自己的路,他想用文字唤醒中国人麻木的心,医治病态的人性,让手中的笔成为与敌人对抗的"匕首"。

本来，走自己的路就不易，但一条将个人前途与国家命运结合起来的路就更不好走。而鲁迅先生天生具有铮铮铁骨，所以选择了这条路，并坚定不移地朝着那个布满荆棘的方向毅然走下去了，挺起了中国人的脊梁。

谨慎而理智地选一条适合自己的路去走，不要去管其他，即便是用着和别人相反的模式，也不能注定你一定会失败。就算自己选的道路充满了坎坷，自己也不能急于否定自己，因为那是你自己的选择。

2. 不必苛求完美

即便你一辈子都完美无缺，最终你还是会感到遗憾，

因为人生中没有体会过遗憾……

完美是多少人的梦想？完美的面孔、完美的工作、完美的生活、完美的情侣……这一切听起来都那么令人神往。

然而，完美其实不过是天边的海市蜃楼，只是一个虚幻的空镜子，你摸不到也抓不着，最终还会害了自己。整容的人到了老年期皮肤会急剧地老化，比同龄人更显老态龙钟；追求完美工作的人，反而容易让工作变得一塌糊涂；追求完美情侣的人，因为不断地计较而容易导致关系僵化，互相磨掉多年的情分……

就算有的人在你看来是完美无缺的，但在你不知道的地方或许对方也经受着不如意之事的困扰。退一步说，即便你一辈子都完美无缺，那

么最终你还是会感到遗憾，因为人生中没有体会过遗憾……

不要试图去改变老天安排好的命运，你只要负责自己人生的精彩就够了，走好自己的每一步，即便有缺憾，最终的结果也会弥补这一切。

在美丽的非洲大草原上，一只名叫杰克的小狮子十分以自己身为狮子为傲，但是当它练习捕猎时，却觉得自己并没有那么完美。因为它发现狮子的奔跑速度不及羚羊，这让它心生郁闷。

为了达到自己心目中的完美，杰克每天练习奔跑，但无论它怎么锻炼，奔跑速度还是比不过羚羊。聪明的杰克就观察羚羊每天的饮食并跟着它们学习。于是羚羊们吃草时它也跟着吃草，羚羊们喝水时它也赶紧跑往小河边。但是时间长了，杰克不仅没有练就羚羊的奔跑速度，反而因为日日吃草而把身体吃坏了，精神渐渐萎靡起来。

母狮看到了，温和地对儿子说："世界上是没有完美的生命的。狮子之所以可以占山为王，是因为我们的综合能力比较强，我们有敏锐的观察力、敏捷的反应能力、迅猛的扑咬能力，这些决定了我们的王者身份，然而，王者不代表我们就是完美的，我们没有羚羊的奔跑速度但依然可能会抓到羚羊，靠的是综合能力而不是样样能力强大。没有任何一点缺点的森林之王是不存在的。"

杰克这才明白，原来自己在追求完美时反而被完美的表象给欺骗了。从那以后，杰克再也不练习追过羚羊的奔跑速度了，而是积极磨炼自己的各项本领，它终于成为又一代的狮王。

完美易伤人，轻易不要去苛求。就如同文物鉴赏专家在鉴赏宝玉时的标准之一，就是看宝玉之中是否有微小的瑕疵，如果没有，那极有可能是假的。因为真正的宝玉极有可能会有一星半点的瑕疵，只有人工仿制的赝品才会做得完美无缺。

　　人活在世上，本来就是不可能事事完美的。哪怕是一年四季都各有其遗憾，何况我们人呢？就如同春日苦短，夏天暑长，秋风悲凉，严冬残酷，没有一个季节是完美无缺的。季节变化尚遵循其规律和准则，我们就更不应该有任何违背了。我们追求完美，看到的其实不过是错觉。

　　人们为了追求事业上的完美，总要放弃生活中的一些东西；追求爱情的完美，难免会和另一半生活在两个人的小世界里，丢失了美好的大千世界……想要得到什么，就总要付出些什么，这才是人生，没有真正的人生赢家，能够将一切都把控在手中，不错过任何细枝末节。要知道，追求完美的结果必定是不成功的，而且付出的代价也不是所有人都承受得起的。

　　有一位网球名将发表自己的获奖感言时说："我觉得自己还不够努力。有时候，我的获胜心太过迫切，有时候又不强；有时候我不愿意听从教练的指导和教训，而有时候我又会忽略自我的总结。我是这样一个人，讨厌在任何地方犯错，不仅仅指在球场上。"

　　这番获奖感言却与一位心理学家的研究背道而驰。加拿大不列颠哥伦比亚大学心理学家保罗·休伊特教授通过研究证明："苛求完美是一种病态的心理，十分不利于保持身心健康的。"

　　这位教授从 20 世纪 90 年代就开始研究人类心理上的完美主义，通过研究他发现，不管人们追求哪一方面的完美，他们都或多或少地存在着这样或者那样的健康问题：容易焦虑，常常感到沮丧，饮食不规律导致的消化系统紊乱，等等，这些都从身体健康的角度对完美主义者提出了警告。

　　这份研究结果告诉我们：不要一味盲目地追求完美，因为完美有时会害人。为了追求完美而使得人生多了更多的遗憾，岂不是太不值得了？

完美是沙漠里在远方若隐若现的海市蜃楼，如果为了去那里找水喝，怎么走都不会走到，最终必然会像追日的夸父那样渴死。我们应该允许自己身上存在缺点，这样才能有完善自己的空间。如果一个人身上毫无缺点，那他一定不是真实存在的。人生自有它的安排，就像是游戏一样，命运在不同的岔路口决定了不同的结果，你所要做的就是选择走哪一条路，每条路上必定有障碍存在，越过每一个障碍，走过荆棘的路，你的人生才算精彩。

追求完美是一种生活态度，但苛求完美就变成了不听劝阻一意孤行的行事风格。我们提倡尽力追求完美，因为完美没有错，错的是苛求。如果凡事苛求完美，势必会影响最终的结果。完美不完美只要尽力即可，不要让苛求的结果变成了与自己的期望背道而驰。总之，将完美作为一种憧憬和向往，作为人生的一种生活方式就好，别为了一己执念而放弃了大好年华。

3. 借助别人的脑子思考

思考，不只要用自己的脑子，还要借用别人的脑子。

别人脑子里有自己脑子里没有的东西。孔子说："三人行，必有我师焉。"每个人的经历不同，生活经验不同，考虑事情的角度不同，对同一个问题得出的结论必然不同。特别是那些有深厚经验的长者，看得多，见识也广，有时倚仗直觉就能作出准确的判断。

在古代，高官们大多拥有自己的"智囊团"，聘用有智慧的人做自己的幕僚，下判断之前先让幕僚们商议，给出参考意见，为的就是防止自己刚愎自用，一件事没想到，给自己招来祸端。而智囊团的集体智慧，能够保证制定出的政策稳妥，不出现疏漏。一个人的思维力度和广度总是有限的，善于把别人的想法应用在自己的实践中，是成功者的一大特征。

同样一棵树，天上的鸟看到的是一块可以筑巢的绿地，地上的蚂蚁觉得这是一座高楼，啄木鸟当它是病人，行人当它是暂时的遮阳伞。你是不是总觉得事情太复杂？那就多去了解别人的看法，了解得越多，对事情的评价就越全面。

人与人的交往也是一样，你愿意听别人的心声，遇事站在别人的角度想一想，对方就能看到你待人的诚意，解决问题的诚意，你们就会很容易形成一个"共识空间"，相处时互相尊重，有冲突时各退一步，你们的关系就会更和谐、更稳固。

不论在事业上还是生活中，肯听人一言的人，总能收益良多。人们常说"不听老人言，吃亏在眼前"，这个"老"，并不单单指年龄，还有经验。做什么事听听别人怎么说，耐心询问别人的建议，只会让你的计划更加周全，目标更加确定。当然，也有一种人耳根子特别软，别人说一句，他就变一次，这样的人连自己的主见都没有，先回去修炼一下何谓"自主"，再来向别人学习吧。

K先生是某家广告公司的创意总监，每一年，公司会在大学生毕业的时候招一批新人，填补职位空缺，补充新鲜血液。K先生说，"扭转新人的自我思维模式，是我们每年都要花大力气做的事，今年也如此。"

什么是"自我思维模式"？就是刚刚毕业的新人们总是觉得自己的

创意是最好的，听不进别人的意见，不会根据他人的想法完善自己的创意。K先生说，有些年轻人身上的才气的确吸引人，他们的想法总能让人眼前一亮，但是，如果他们不懂得向前辈学习，不懂得如何把自己的方案加入更多让客户满意的元素，不懂得在细节处下功夫，他们的想法再好也没用。

K先生还说，十年前的他也是这样一个新人，来到公司后恃才傲物，根本瞧不起老前辈。当时的创意总监每拿到一个项目，都会召集所有人开会，创意总监说："让我们讨论一下这次广告的具体方案吧。"然后大伙七嘴八舌地开始讨论，K先生觉得他们的发言既没有新意也没有营养。他甚至觉得这个会议只是走个过场，反正最后总监总会采纳自己提的方案。

总监对K先生的"自信"表示忧虑，接连找他谈了几次话，K先生的态度还是那么"嚣张"。最后，总监要求K先生单独做一个产品的企划案，然后在开会时说："这几天有一个洗发水项目，我做了一个企划案，大家提提意见。"

K先生并没理解总监为什么说那个企划案是他做的，就听同事们七嘴八舌地开始提意见：

"创意足够好，成本太高。"

"这个洗发水是新牌子，没有口碑的情况下做这种广告，有点冒险。"

"男女主角街头偶遇的元素可以保留，其余还需要重新构思。"

……

整整一个上午的会议，K先生终于认识到，自己构思的方案并不是那么十全十美，公司的同事们也并不是他想象的那么没用，他们在行业里浸沉多年，目光老辣，让他们提新点子，未必有，但却一眼就能看出方案中的漏洞。K先生最感谢的，恐怕是总监说那方案是他自己的提案，维护了他的面子。

从那以后，K先生开始参与讨论，开始重视他人的意见，即使别人不愿意提，他也会找那些有经验有想法的人不断追问。他的能力越来越强，拿出的方案越来越成熟，很快就成了一位优秀的广告人。他经常把自己的经验告诉新人，用"一定要听别人的意见"教育新人，这种观念，已经渗入了他的生活，成了他的行为准则。

现代创造学奠基人，美国的奥斯本提出了有名的"头脑风暴"概念。头脑风暴，是指一群人对同一件事物产生兴趣时集中讨论的情境，没有拘束，没有规则，任何参与会议的人都可以畅所欲言，进而把思维引向崭新的领域，产生新观点、新方法。这一概念被广泛地运用到各个学科，各行各业。K先生所在的公司每次的方案讨论会，就是"头脑风暴"的一种形式。

头脑风暴的效果显而易见，只要与会者都说出自己的想法，全部人员开动脑筋，永远好过一个人闭门造车。大家的意见相辅相成，即使争论，也能使最终的方案达到最优化。"风暴过后"，风景不再相同。所以，人们愿意运用这个方法，促进事情的解决。

对个人而言，"头脑风暴"给我们的最大启示，就是一种"听别人意见"的思维方法，同时，也是一种做事的态度。我们思考问题，苦于没思路、没创见，不全面，也不切实，每个人的思维都有其固有的模式，自然有优点也有缺点，想要改善和补充，最好的办法有两个，一是不断充实自己，二是向别人学习，后一个方法最直接，也最有效。

人生路自己走，但路上你会遇到很多过客，每个人都有值得你学习的地方，能力是自己的，只有不断从别人身上吸取优点、经验，你才能不断完善自己，不断成长。这个世界上，谁都不一定比自己强，反过来说，谁也不一定就比自己差，只有懂得学习的人，才有可能成长，当然，谦虚是首要前提。

经常与别人交谈，与别人探讨，听听他人的看法，看看他人的做法，会让你的思维有更多的角度，让你在思考问题时有更多切入点，自然就会有更多的方法，成功的机会也就随之增多。记住这句话：思考，不只要用自己的脑子，还要借用别人的脑子。

4. 人生无处不选择

幸福很简单，不要给它赋予太多的符号，给它太大的压力。

命运给了你多种可能，关键在于你自己的选择。在人们眼中，"幸福"是一个虚无缥缈的词语，很难给这个词语界定一个固定的概念，因为每个人对幸福的理解都是不同的，但最简单的一点幸福，就是它是一种内心的满足感。

有的人认为幸福就要有完美的外表和显赫的家世；有的人认为幸福就是有挥霍不完的钱财；也有的人认为幸福就是一生一世一双人……其实，所谓的幸福不过是一种满足感、一种无悔的快乐。

日落时分，牧人准备赶着牛群回家。可是，当他清点数目的时候，却发现少了一头牛。牧人在草原上寻找丢失的牛，直到天黑也没能找到。牧人知道，小牛可能是被人偷走了，于是他跪地祷告："神啊，我愿意奉献一只羊出来，只要让我找到那个偷牛的贼。"

牧人祷告完，继续寻找丢失的牛。走到一个山冈处，他看到远处有一只老虎在撕扯着那头牛。牧人吓坏了，他又一次向神祈祷："神啊，刚刚我说如果让我捉到偷牛贼，我愿意献出一只羊。现在，我看到偷牛贼了，也愿意履行我的承诺。但是，如果能够让我从老虎嘴下逃生，那我愿意再献出一头牛。"

这则寓言和幸福有什么联系？或许没有表面的联系，但仔细思考就会发现，我们的幸福有时就像是牧人的选择。从结果来看，牧人失去了两头牛和一只羊，他应该感到郁闷。但换个角度看，会发现他过得也不错，至少他知道了偷牛贼是谁，还捡回了一条命。

当然，这在于他的选择。人生就是如此，你想获得什么，总要付出些什么，这就关乎你的选择了，你选择拥有的过程，也就是选择了放弃的过程。人生路是条单行线，没有回头路，也没有多选题，你只能作一个选择，选其中一条路。

聪明的人懂得，不管自己选择的路是否正确，都已经没有转圜的余地了，既然如此，就想办法哼着歌跨过沟沟壑壑。到最终，回忆往事会发现自己有着别人没有的经历，一路艰辛却也快乐，不失为理想的幸福、幸福的人生。

不过，并非所有人都能看开的，有些人总是不愿意放弃，总想将所有的选项都试上一遍再做对比，但这样的结果往往是精力透支，不要说坐拥一切了，说不定还会丢失所有。

一位中年女子走进了一家大公司的大门，她曾是某家公司的部门经理，这一次她希望在这家刚开始运作的新公司谋求到比从前更高的职位。

工作人员把她领进了屋，告诉她："现在，请您到隔壁的房间，那间屋子有多个门，每个门上都写着您所需要的工作的资料，你可以随意选择。如果您觉得哪个职位适合您，就看一下桌子上的资料。不过，当您离开一个门的时候，它就会自动锁上。也就说，您只能够前进，而不能后退。祝您好运！"

听完了介绍，她径直向隔壁的房间走去。

房间里有两个门，第一个门上写着"前台"，另一个门上写着"助理"。她毫不犹豫地选择了后者。

紧接着，她又看见两个门，左侧写的是"销售助理"，右侧写的是"经理助理"，她觉得后者与公司领导层接触的机会多，更有发展前途。于是，她走进了右侧的门。

她打开"经理助理"这个门之后，在房间里翻阅了一下资料，以她的能力完全可以胜任这个职位。在她翻阅资料的时候，突然看到房间里还有两个门。果然，她看到上面分别写着"市场部主任"和"行政主管"，她放下了手中的资料，走进了贴着"行政主管"的那个门。

进门之后，她没有看桌子上的资料，直接把目光盯在了屋内的门上，一个写着"文员"，另一个写着"客服"。她迟疑了一下，怎么职位变低了？难道自己走错了门？她疑惑地推开了写着"文员"的门。

这一次，她又看见了三个门，一个写着"财务部总监"，另一个写着"生产部总监"，还有一个是"人力资源部总监"，因为自己不懂财务等知识，她最终选择了"人力资源部总监"。

进入"人力资源部总监"的门之后，她又打量了一下房间，果然还有一个贴着"总经理"的门，她又好奇地推开了门，可她没想到这一次她竟然站在了大街上。

她想再退回原来的房间，可那扇门已经关上了。门上有这样一行小字:"公司能够提供很多职位,但唯一不缺的就是总经理。"

　　天底下没有免费的午餐,也没有十全十美的事。任何选择与收获都需要有机会、成本和付出。

　　人生路上幸福和不幸的机会是均等的,命运不会刻意安排你幸福或是不幸,任何事情都有两面性,是否选择幸福,决定权在你的手上。身居高位你确实有很多权力,但这并不能和幸福画上等号。故事中的女人真的有能力当总经理吗?她或许只是有这种欲望和野心罢了。就算当个文员又怎样?幸福,是眼下的生活,不仅仅是对未来的憧憬。

　　泰戈尔说过:"当鸟翼系上了黄金时,它就飞不远了。"幸福很简单,不要给它赋予太多的符号,给它太大的压力。放下是生活中适时作出的清醒选择,学会放下才能轻装上阵,安然地等待生活的转机,顺利闯过人生中的风风雨雨。

　　就算痛苦来敲门,你也要懂得它背后躲藏的幸福,不要被偏执的情绪所控制,坦然地放下遗憾,你便可以拥抱幸福。不管人生路有多远,你都是自己唯一的导演,学会编排自己的剧本,学会选择和放弃,你才能拥有淡然一笑面对起伏的人生,拥有海阔天空的人生境界。

5. 前路不通时，不妨退一步

人生本身就是有进有退，有时候后退一步比前进一步更加重要。

人生的道路上必然会有风起浪涌的时候，也难免有与别人发生摩擦的时候，如果迎面与之搏击，也许会撞得头破血流、两败俱伤。所以，我们应学会隐忍，暂时后退一下。

隐忍不是懦弱，不是消极的处世态度，而是韬光养晦的智慧，是卧薪尝胆的勇气。忍一时风平浪静，退一步海阔天空。在这个世界上，没有解不开的问题，也没有化解不了的矛盾。只要我们能够适度地退让，总会拨云见日、雨过天晴，看到一片美丽的风景。

在实际生活中，人们常常赋予"前进"以勇者的赞誉。因为"进"代表着昂扬向上、积极进取的人生态度，所以，不少人热衷于"进"，而将"退"看作是怯懦的表现，是屈服的象征，不愿意、不甘心"退"。

殊不知，在人生的道路中，有时候，后退一步也能够让我们感觉到柳暗花明，退让是为了更好地前进。人生本身就是有进有退，有时候后退一步比前进一步更加重要。

春秋时期，楚庄王为了扩张自己的势力，发兵攻打庸国。由于庸国奋力抵抗，楚军一时难以推进，楚将杨窗也被俘虏了。三天后，由于庸国人的疏忽，杨窗竟从庸国逃了回来，他对楚庄王说明了庸国的情况：

"庸国人人奋战，如果我们不调集主力大军，恐怕难以取胜。"

楚将师叔出了一个主意，建议用佯装败退之计，以麻痹庸军，之后再去进攻他们。因此师叔带兵进攻，开战不久，楚军佯装难以招架，败下阵来向后撤退。像这样一连几次，楚军节节败退，庸军七战七捷，不由得骄傲起来，军心麻痹，军队渐渐松懈了斗志，对敌人的戒备也渐渐消失。

在这种情况下，楚庄王率领增援部队赶来，师叔说："我军已七次佯装败退，庸人已十分骄傲，现在正是发动总攻的大好时机。"于是楚庄王下令兵分两路进攻庸国。此时庸国将士正陶醉在胜利的喜悦之中，怎么也不会想到楚军突然发起进攻，庸国士兵仓促应战，抵挡不住，结果庸国被一举消灭。

在这个故事中，楚国为了战胜庸国，采取了妥协和让步的方法，看似是处于下风，但事实证明，他们因为隐忍的"退"而创造了更好的作战机会，最终他们战胜了庸国，成了这场残酷战争中的赢家。

生活中有很多以"退"为"进"的例子，比如，体育竞赛中的足球、篮球赛，当进攻受阻，往往是将球后传，谋取更有效的进攻，从而得分；汽车驾驶员，在泊车时，有时也需要准确地后退，才能将车停在适当的位置；汽车起步时，有时也需要后退，才能把车驶上前进的道路……

紧绷的弦总会有断的一天，劳逸结合才能有更高的效率，所以在累的时候，不妨放慢脚步，在难以解决的问题面前，不妨退一步，给自己一个喘息的机会，更给自己一个缓冲，这样你再次爆发的时候才有更大的力量、更大的胜算。

铃木集团成立于1920年，1952年开始生产摩托车，1955年开始生产汽车,如今是日本著名企业之一,向全世界的客户提供优质产品。但在创业之初,这家公司却遇到了不小的麻烦。

有一次,铃木集团总裁铃木太郎与西门子公司进行商务谈判,双方陷入了困境,原因是西门子公司坚持技术使用费提成率要占到销售总额的9%,铃木太郎不赞成这一提案,建议将提成率降低到5%。

虽然西门子公司答应了铃木太郎的请求,但是合同文本的主动权掌握在他们公司手中,不仅许多条款都是有利于自己公司的,而且他们又提出新的要求,即把技术转让费定为60万美元,并且要一次付清。

作为弱势的铃木公司,只能听任西门子公司的摆布。但是,当时铃木电器公司的总资本不超过4亿日元,而60万美元的技术转让费,相当于2亿日元,这笔沉重的技术转让费,对于刚刚起步的铃木公司来说是一个相当沉重的负担。

巨额的费用,让铃木太郎陷入了两难的选择。如果答应,公司必将陷入财务危机,一场灾难势必在劫难逃;如果不答应,则公司就会失去一次发展壮大的好时机。在这种形势对自己十分不利的情况下,铃木太郎高瞻远瞩,他指出,退一步海阔天空,懂得退让才知进取,于是大胆接受了西门子公司的苛刻条约。

由于铃木公司从西门子公司获得了最新技术,所以,当时世界上最先进的科技成果,几乎都有铃木公司的参与,这为他们的发展打下了坚实的基础。可以这样说,双方的合作使铃木公司开始确立了国际大公司的地位。

如果不是一开始忍痛对西门子公司做出了退让,铃木集团恐怕很难成为如今一家全球知名企业。难怪有人说:"用争斗的方式,我们永远得不到满足;用退让的方式,我们得到的会比期望的更多。"

拼搏是进取，但不是有勇无谋一味向前冲，在必要的时候，要懂得运用智慧去思考，选择更合适的方法。这样才不至于让你的热情被现实冲散，才不会让你之前的努力全部白费。

6. 和耐心一起成长

成功的确需要艰辛的努力，但更需要的是不懈的追求和耐心。

化茧成蝶可以说是每个人的梦想，没有人愿意一辈子都做毛毛虫，每个人都希望自己有一天能够蜕变成美丽的蝴蝶。但是真正能够达成自己心愿的不多。或许那些不成功的人会说是机会从来不光顾自己，或者是环境不够合适，自己已经错过了最佳的年龄，等等。

实际上，这一切不过是他们逃避的借口而已。他们忘了，蝴蝶的蜕变过程是通过自己的努力，而不是外界的助力。

到了收获玉米的季节。田地里有一株玉米颗粒饱满，它非常自信，认定自己是今年长得最好的玉米，也相信主人会第一个把它摘下。可是，等了好几天，也没有人来到它跟前。

"明天肯定有人把我摘走！"这株玉米依然很自信，它不停地安慰自己。可是，第二天还是没有人注意到它，反倒是一些不如它的玉米被主人摘走了。

"我相信，明天主人一定会把我摘走！"玉米仍然这样鼓励着自己，可是，它对自己说这句话的时候，也有些犹豫。

日子一天天地过去了，眼看着收获的季节就要结束了，主人还是没有把这株很棒的玉米摘走。它身上那些原本饱满的颗粒变得干瘪坚硬，整个身体就像是要炸裂一般，想到自己可能要和玉米秆一起烂在地里，它哭了。

就在玉米伤心欲绝之际，主人摘下了它，并说："这可是今年最好的玉米，我留着它是为了做种子！"

起初，颗粒饱满的玉米对自己充满了信心，认定主人会第一个注意到它。然而，天不遂其所愿，主人迟迟没有将它摘走。漫长的等待让饱满的玉米粒变得干瘪，而它也在一次又一次的失望中伤心欲绝。然而，就在它暗自神伤的时候，主人却把它摘下了，并宣布要拿它做种子。对于一株玉米而言，成为种子是自我价值的最大体现，因为它的生命可以延续下去。玉米的故事提醒人们，成长，有时是需要耐心等待的。

成功总是太诱人，有些人很自信，也曾全身心地投入过，认真地努力过，但他们最终还是没能抵达理想的终点。不是命运不公，也不是天意弄人，他们和成功之间的距离其实只有一步之遥，可惜他们没能在最后的时刻再坚持一下，而是选择了放弃。成功的确需要艰辛的努力，但更需要的是不懈的追求和耐心。

苏格拉底是世界著名的哲学家，很多人都相信他掌握着人生的真理，所以许许多多的人都拜他为师，希望能够学到一些经验、知识。

有一次，苏格拉底和自己的弟子们聊天，有个学生问他："老师，人究竟要怎样做才能成功呢？"

苏格拉底想了想，说道："今天回去后，你们做一件事吧，将自己的手前后甩动一百下，接下来的每一天都要这样做，直到我说'停'为止。"接下来的一周里他都没有再说过这件事情。一周后的一天，他问自己的学生们是否还在坚持，他发现，已经有10%的学生放弃了。他没有说什么，只是让剩下的人继续下去。一个月之后，再询问，坚持做的学生只剩下了一半。他还是没有说什么，让剩下的人继续……一年过去后，当苏格拉底再问曾经甩手的学生们，只剩下一个人还在坚持了，他就是柏拉图。

苏格拉底被很多人看作智者，认为他无所不能，所以他的门下有很多学生，然而，最终能够和他齐名的学生就只有柏拉图而已。难道这是能力的差异吗？当然不是，能力随着人的成长是可以不断培养的。通过故事就可以看出，柏拉图之所以能够成长为一个世界级的学者，是因为他有足够的耐心等待自己成长。

耐心是一种不轻易放弃的"恒心"与"决心"。在开始的时候，每个人都能信誓旦旦地保证自己能够坚持到最后，但是时间是最能消磨人意志的东西，外部环境千变万化，若想成功，就必须具备在任何情况下都耐得住寂寞，耐得住痛苦的能力。自己把控自己，不管世界如何变迁，一直坚持自己的步伐，最终就能走向成功。

7. 学会控制你的情绪

能够控制并调节自己情绪的人才不会被自己的情绪所左右。

如今,愤怒已经成为很多人生活的常态,每个人的身上仿佛都背着一个炸药桶,一不留神就会引爆。有人将这归结于生活节奏的加快和人们身上背负的压力增大。事实上,缺乏一种平心静气的态度是造成这一现象的重要原因。

有经验的船员知道,看似平静的水面往往需要格外小心,因为在下面蕴藏着巨大的力量;而那些看起来波浪翻滚的水面其实是最安全的,这就是平静所产生的力量。一个人也一样,想要成就一番大事业,就要学着化解心中的怒气,在心平气和中慢慢积蓄力量,这点是必不可少的。

有一个年轻人,在他每次生气或者和别人起争执的时候,他就会以很快的速度跑回家去,绕着自家的房子和土地跑上三圈。这样一来,他与其他人争执的次数越来越少。后来,这个年轻人逐渐变得十分富有,自家的房子和土地也变得越来越大。但是,他始终有一个习惯,那就是不管自己多么富有,只要与人争执生气,他还是会绕着自家的房子和土地跑上三圈,不会与人生气。

许多年过去了,当初能够绕着房子和土地跑三圈的人已经不再年轻。当他心情不好或者与人争执的时候,他还是一如既往绕着房子和土地走完三圈。他的孙子在他的身边恳求他:"爷爷,你都这么大年纪了,附近已经没有人房子比你大、土地比你多了,为什么你还要这样做呢?"

当初生龙活虎的年轻人现在已经白发苍苍,他笑着对孙子说出了隐藏在心中多年的秘密:"当我年轻的时候,每次我生气、郁闷,就绕着房、地跑三圈,我就一边跑一边想,现在我的房子这么小,土地也这么少,我哪有时间、哪有资格去跟人家生气呢?一想到这里,气就消了,我就把自己所有的精力都用在了工作上。然而到现在,当我心情不好的时候,我依然一边走一边想,我的房子这么大、土地这么多,我又何必跟人计较?这样,我的心又平静下来。我认为浪费时间去沮丧是完全徒劳的,所以每一天都过得很快乐。"

这就是生活中的智慧,用平静来取代争执,选用合适的调节方式让自己安静后会产生意想不到的能量。执着于争执,在很大程度上就限定了自己的思维空间。在争执中失败,会加重自己的沮丧情绪,让人产生挫败的感觉;即便是与人争执取胜,也会浪费大量的时间和精力,最终得不偿失。

能够控制并调节自己情绪的人才不会被自己的情绪所左右,这样的人能平静地生活在世上,才能获得解决问题的能力。

一位著名演讲家被邀请到一所大学去担任大学生演讲比赛的评委。所有的参赛选手在经过抽签确定了演讲顺序和演讲主题后,第一位选手表情很不满地走向了讲台。当听众和评委正准备听他演讲的时候,他走上讲台说:"同学们,尊敬的评委,这是一场不公平的比赛!我领到这张纸以后,只有几分钟的准备时间,而在我后面的人则有更为充裕的时间准备,这是不公平的!"

这位选手说完便走下了讲台。但是他的离开并没有影响到这次比赛的顺利进行。在这场比赛中，有人获得了荣誉，有人锻炼了自己。

　　比赛结束后，演讲家找到那个因为生气而拒绝比赛的选手，对他说："你不要因为觉得不公平而生气争执，你想过没有，第一个演讲往往最能吸引评委的注意，而预留的时间少则是锻炼自己思维和语言组织能力的绝好机会。"

　　听了演讲家的话，那个选手羞愧地低下了头。

　　在生活中，总会出现一些不如意的状况，这些情况有时候会让人抓狂，会让人愤怒，与他人进行争执。但是愤怒、争执又有什么用呢？如果自己只是一块平淡无奇的生铁，抱怨、争执都是徒劳，因为自己的价值还没有被认可。当把自己锤炼成钢以后，估计你就不会遭受不公正的待遇了，自然也就不会愤恨不满了。

/ 第六章 /

努力于当下,成就于细节

想要成功,就要为此付出努力。你可以没有别人聪明,可以没有别人富有,但你一定不能比别人少了勤奋。

1. 智者未必成，愚者未必败

> 8个小时做不好的事情，就花上16个小时的时间去做。

许多人都忽略了积少才可以成多的道理，一心只想一鸣惊人，而不去勤奋努力地工作，等到忽然有一天，看见比自己起步晚的人，比自己笨拙的人，都已经有了可观的收获，才惊觉自己这片地里还是颗粒无收，这时才明白，不是自己没有理想或志向，而是自己一心只等待丰收，却忘记了要勤奋播种、施肥、除草。

这个世界上确实有天才，但天才不等于可以不努力。世人眼中的哈佛是世界最高学府，能进哈佛的学生一定天赋异禀，可是哈佛的校训中就告诫人们只有勤奋才能有所收获。

爱因斯坦曾说过："人的差异在于业余时间。"每人每天工作的时间都是8个小时，付出的也都差不多，获得回报也差不多，但要想改变自己的人生，让自己与别人不一样，那么就必须用上业余时间，谁的业余时间用在学习上的越多，那么他获得成功的概率就越大。

在纽约的数学学会上，一位名叫科尔的数学家成功地解答了一道数学难题。在人们的惊诧和赞许声中，有一个人向科尔恭维道："科尔先生，你是我见过最有智慧的人。"

科尔笑了笑，回答道："我不是最有智慧的，我只是比你们更勤奋罢了。"

听到了科尔如此回答，那个人很疑惑。卡尔说："你知道我论证这个课题花了多少时间吗？"

那个人说："一个礼拜。"卡尔摇了摇头。

"一个月？"卡尔还是摇了摇头。

那个人见到卡尔否定，很吃惊地问："我的天啊，不会是一年吧！"

卡尔笑了笑，回答："先生，你错了，不是一年，而是三年内的全部星期天。"

一分耕耘，一分收获，这个道理是永远不会变的。在成功的路上，人人都希望找到捷径，能够付出最少的努力获得最大的收益，事实上这是不可能的事情。成功的唯一捷径就只有勤奋。即便你聪明绝顶，不肯花时间、花精力，最终也只能被普通人超越。

人生是一个过程，重在拼搏，无论任何人，终点都是死亡，这是没有差别的。重要的是你的过程要怎样度过，想着每天享受，那么最终定会因为之前的享受而懊悔。一开始就习惯于拼搏的人，最终会陶醉在这个过程中，到老时说不定还能写下一本厚厚的回忆录来记录自己精彩的人生。

据说哈佛大学的图书馆昼夜都开放，即便凌晨4点也会有很多人在那里学习。在他们看来，一生实在太过短暂，想要知道更多的真理，就需要付出更多的努力，利用每一分每一秒。没有人应该浑浑噩噩地过日子，所有人都应该为了更好的生活而奋斗，可以是物质生活，也可以是一种精神境界，无论是哪一种，都需要你抑制懒惰的因子，这样你才能为自己创造出一个别样的世界。

曾有人问李嘉诚成功的秘诀，李嘉诚讲了这样一则故事：曾有一位从事推销行业的新人，问日本"推销之神"原一平的成功推销秘诀是什么，原一平当场脱掉鞋袜，对他说："请你摸摸我的脚板。"

这个新人满脸疑惑地摸了摸对方的脚板，十分惊讶地说："您脚底的老茧好厚呀！"原一平说："因为我走的路比别人多，跑得比别人勤。"这个新人略微沉思后，顿然醒悟。

李嘉诚讲完故事后，微笑着说："我没有资格让别人来摸我的脚板，但可以告诉你，我脚底的老茧也很厚。"当年李嘉诚每天都要背着样品的大包马不停蹄地走街串巷，从西营盘到上环再到中环，然后坐轮渡到九龙半岛的尖沙咀、油麻地。

李嘉诚说："别人8小时就能做好的事情，如果我做不好，我就用16个小时来做。"

李嘉诚早年在茶楼当跑堂，拎着大茶壶，每天10多个小时来回跑。后来当推销员，依然是背着大包一天走10多个小时的路。李嘉诚脚板的茧子未必没有原一平的厚。

勤奋是成功的根本、基础、秘诀。没有勤奋，即使你天赋奇佳，也只能碌碌无为一生。任何一项成功都不可能唾手而得。因此，人应当在年轻的时候就培养"勤奋努力"的习惯。

日本最成功的企业家之一松下幸之助说过："我在当学徒的七年当中，在老板的教导之下，我养成了勤奋的习惯。所以他人视为辛苦困难的工作，我自己却不觉得辛苦，反而觉得快乐。青年时代，我始终如一地被教导要勤奋努力，所以，我能力提升得很快，这让我抓住了很多的机会。"

机会说不定什么时候就会降临，但有时只是因为手脚慢了一步便错过了。这不是机会给你的时间太少，而是你的动作不够快。不是你的能力不够，而是你不够勤奋。就像李嘉诚说的那样，8个小时做不好的事情，就花上16个小时的时间去做。勤能补拙，只要肯付出辛劳，就会获得成功。

2. 朝着一个方向用尽全力

绝大多数人事业失败的一个根本原因，就是精力太分散。

如果说，我们眼前的人生是一片荒漠的话，那么目标无疑是我们追寻的一条道路，帮助我们脱离困境的一条生路。虽说每个人都想要逃离荒漠，但并不是每个人都能够做到的，智者会选择先观察、分析、思考，找出一个方向，然后向着这个方向一直走，最终，总能找到人生中的繁华。可有些人处于荒漠之中，却毫无方向地四处乱窜，这里找不到，就换一个方向，到最终体力透支，被困在了荒漠之中……

后者显然是悲哀的，但世界上并不乏这样的人。他们想要脱离现状，却又不知从何入手，空有力气，却没有方向，最终四处碰壁，失去了闯荡的热情，也失去了对人生的信心。其实问题很简单，就是没有找到目标，不知道自己的终点在哪里，只是随波逐流，盲目浪费着自己的精力和时间，这样的人自然难以成功。

成功的人有时就像偏执狂，他们会向着一个方向用尽全力，不管不顾地往前冲，过程虽然也有艰难险阻，但他们知道应该如何保持自己的方向，由此，我们就不难看出目标的重要性。如果你不明确自己的目标，那么你所做的一切努力无异于无用功，走来走去都不过是在原地转圈。

李·艾柯卡在美国企业界绝对是一个光彩照人的企业明星，在美国，他的名头可一点都不比比尔·盖茨、沃伦·巴菲特这些举世瞩目的社会精英小。李·艾柯卡之所以能够达到这个高度,这跟他在开始奋斗前就有一个非常明确的奋斗目标是分不开的。

艾柯卡大学毕业后进入了福特汽车公司实习,成了福特的一名见习工程师。可是艾柯卡志不在此,他对整天同无生命的机器打交道的工作已感到索然无味。他想去做销售工作,因为他觉得搞技术晋升得实在是太慢了,只有做销售才有可能实现他在35岁前当上福特公司副总裁的宏伟目标。公司经不住艾柯卡的软磨硬泡,终于把他调到了销售部门当了一名推销员。

由于艾柯卡虚心好学,他很快就懂得了如何说服顾客、如何揣摩顾客的心思等推销员必备的本领。不久,由于业绩突出,他被提拔为宾夕法尼亚州威尔克斯巴勒地区的销售经理。几年后,艾柯卡又被提升为费城地区销售副经理,如果艾柯卡没有执意要改行做销售的话,恐怕到现在他还仍然只是个小小的见习工程师呢。

这时,福特公司推出了最新款的56型车,为了扩大销量,艾柯卡推出了"56元换56型"的销售计划:顾客买一辆1956年型的福特新车,先付20%的钱款,以后每月付56美元,三年付清。艾柯卡创造的这种最新颖的销售方式果然大受当地居民的欢迎,仅仅三个月不到,福特汽车在费城地区的销量竟然奇迹般地从原来的最末一名,一跃成为全美的第一名。

艾柯卡的分期付款销售模式得到了福特公司的高度重视,福特公司把这种分期付款的推销方法在全国各地推广后,公司的年销车量猛增了7.5万辆,艾柯卡也因此名声大振。不久,为了表彰艾柯卡的功绩,福特公司晋升他为整个华盛顿特区的销售经理。

几个月后,年仅32岁的艾柯卡又调到福特公司总部,担任卡车和小汽车两个销售部的部门经理。在总部，除了他为人所熟知的销售才能之外，他又显示出了非凡的管理才能，这使他深得上司麦克纳马拉的赏识。四年后，麦克纳马拉升任总裁，艾柯卡则接替了自己老上司的副总裁和福特分部总经理的职务，时年36岁。这比艾柯卡在刚刚进入福特公司时给自己立下的"35岁前当上福特公司副总裁"的奋斗目标，仅仅晚了一年。

艾柯卡能在36岁就当上福特公司的副总裁，这并不仅仅得益于他卓越的销售才能和管理才能，更是因为他从进入福特公司伊始，就为自己定下了一个奋斗的目标。虽然这个目标在绝大多数人看来就是天方夜谭，但正是由于这个目标对他的不断指引，才使得艾柯卡坚定地朝着一个方向不停地奋斗，并最终从一个小小的推销员而成为福特公司副总裁。试想一下，如果他没有这样一个终极目标，那么他的人生将会怎样？命运不会给你成功，但会给你成功的机会，若是你连自己想要什么都不知道，那么这些机会对你毫无意义。

目标给我们带来创业的动力，但是如果同时存在一个以上的目标，或是目标经常发生变化的话，那么这些目标给我们带来的动力就会互相抵消。因此，世界著名励志大师戴尔·卡耐基才会在分析了众多个人事业失败的案例后得出"绝大多数人事业失败的一个根本原因，就是精力太分散"这个结论。

"瞧这儿，"一个农场主对他的儿子杰克说，"你这种犁法是不行的，你看看你把田都犁歪了。我告诉你一个窍门，你只要紧紧盯住田地那边的某样东西，然后以它为目标，朝它前进，犁出来的地垄沟自然就直了。你看，大门旁边的那头奶牛正好对着我们，现在把你的犁插在土里，然后对准它,你就能犁出一条笔直的地垄沟了。"

"我懂了,父亲。"

10分钟以后,当农场主再来检查时,他看见犁痕弯弯曲曲地遍布整个田野。

"停!快给我停下!"

"父亲,"杰克说,"我绝对是按着您教给我的窍门来做的,我笔直地朝那头奶牛走去,可是那头奶牛却走了。"

这则故事给我们的启示是:如果目标总是在变动,你就不得不在这个目标和那个目标之间疲于奔命,这种行事方法除了招致失败以外,还能带来什么呢?事实的确如此,绝大多数失败者几乎都有过不断更换目标的经历,他们的目标会根据环境的改变不断改变,当环境改变的时候,他们就会换一个方向前进。但人生给我们的时间是有限的,你不可能有太多的时间去尝试。

人生本就一无所有,在制定目标之初你就应该断掉自己的所有后路,只有这样,你才会向着一个方向迈进,不断拼搏,最终到达成功的彼岸。没有任何东西能比一个明确的奋斗目标给我们带来的助力更大,教育不能,天分不能,才智不能,勤奋不能,意志的力量也同样不能。如果你想成功,那就不应该总是改变自己的目标。

事实上,抛弃原来的目标而转投新目标,损失是相当大的,你要知道,为了曾经的目标,你曾做过多少准备,积累了多少经验,花费了多少时间。当你变换了一个目标,就等于从头再来,你之前所做的一切努力都将付之东流。另外,人都是有行为定式和心理惰性的,到了一定的年龄,经验增长了许多,锐气却也消磨了不少,慢慢地也就甘于平庸,再也没有面对新挑战的勇气和决心了。而这,恰恰是没有成功却渴望成功的我们不愿意看到的。

  青春有限，时间有限，我们不要前怕狼后怕虎，根据自己的需要制定一个目标，然后向着这个目标前进，总有一天，你会发现，远在天边的终点已经被踩在脚下。

3. 坐等明天的人没有未来

不要为走过的昨天扼腕叹息，也不要为未知的明天满怀豪情，

你要做的是把握好今天。

  很多时候，我们都在说要珍惜时间，但是，当回顾自己的所作所为时，我们又不断地抱怨自己浪费了时间，最终，你才发现自己的生命都在浪费中度过了。当然，我们现在并没有走到尽头，所以还有扭转的机会。从今天开始，比起抱怨过去的虚度，坐待明天的到来，不如奋起努力，把握今天。

  昨天已经成为过去，后悔也无济于事，而明天的问题无法预知，也无法解决，我们能把握住的只有今天。今天就在眼前，珍惜今天，不仅可以弥补昨天的不足和遗憾，更能为迎接明天的朝阳做好准备。

  在纽约街区的一个屋檐下，有三个乞丐正在聊天。

  一个乞丐说："如果不是去年股票暴跌，我早都成为千万富翁了……"另一个乞丐说："那是多久以前的事啦，还提呢，看着吧，我

明天去对面那条街上的垃圾桶看看，说不定那里面就有张百万美元的支票，哈哈……"第三个乞丐没有言语，他觉得现在最要紧的是如何填饱肚子，而不是说着一些对自己没有意义的话，于是去了别处，寻找食物去了。而谈话的两个乞丐聊累了，开始睡觉。也许在梦中，他们正在回忆着自己辉煌的过去和构想美好的未来呢。

第二天早上，当人们起来时，两个乞丐已经没气了，而那个寻食的乞丐，正吃得香呢。

追忆、幻想都不如行动来得实在，想没有实际意义的事情时，悲天悯人而不付诸行动，都是在浪费自己的时间。时间是生命的累积，过去了一天就等于消逝了一天的生命，如此宝贵的时间，为什么还要用来哀叹，用来荒废、虚度呢？

不要为逝去的昨天感到伤感，也不要为即将到来的明天感到恐慌，抓紧今天，迈开脚步，从现在开始努力。

有一首诗说得好：

昨天已经成为过去，请不要为之叹息；
明天还只是个未来，你不必有太多的忧虑；
只有今天，才是你真正的拥有；
抓住今天，你的梦才能实现；
昨天是成功的阶梯，明天是奋斗的继续。

把握不住今天，不管你的昨天多么辉煌，也不管你的明天会有多宏伟，对现在的你来说，都是不现实的。正如惠特曼所说："我现在这一分钟是经过了过去无数亿万分钟才出现的，世上再没有比这一分钟和现在更好。"

人生是等待的过程，但又不只是等待的过程。很多时候，我们总是把今天的事情拖到明天来做，总以为明天才是自己起航的始发点，往往对明天充满期待，而对眼前的今天视而不见，但是，到了明天，又会把事情拖到下一个"明天"，却不知"明日复明日，明日何其多"。

有一个名叫里德的小伙子，长得阳光帅气，但却一无所成、一无所有，生活得很是无聊。有一天，他去自己的大学老师那里诉说苦闷，希望老师能给他的未来指一条明路。

老师问他："你到底怎么了？"

里德说："我都快 30 了，却还一无所有，老师，你说我该怎么办呢？你能给我指个方向吗？我现在连自己的人生价值都找不到。"听了里德的话后，他的老师笑着摇了摇头说："你觉得你一无所有，但我感觉你和别人一样富有，因为你拥有的时间和别人一样多。"

里德苦涩地说："那又能怎么样呢？它们既不能当荣誉，也不能当金钱换顿饱饭……"

老师打断了他的话，问道："难道你不认为它们很重要吗？如果有人给你 1 万美元，让你马上变为 40 岁，你愿意吗？"

"当然不愿意。"

"那么如果有人愿意出 100 万美元要你马上变成 80 岁的老翁，你愿意吗？"

"傻子才会答应这样的事。"

老师笑着说："看到了吧，其实，你很富有，因为你有足够多的时间，时间就是你财富。"

老师觉得里德似乎还不怎么理解自己的话，于是接着说："你可以去问一个刚刚延误飞机的游客,一分钟值多少钱;你再去问一个刚刚死里逃生的人,一秒钟值多少钱;最后,你去问一个刚刚与金牌失之交臂的运动员,一毫秒值多少钱。"

听了老师的话,里德羞愧地低下了头。

老师继续说:"只要你明白了时间的珍贵,并珍惜它,专注于自己想做的事,你就会成为一个真正的富人。"

里德带着老师的教导离开了,他开始思考自己下一步该怎样做。他先找到了一份做设计的工作。两年后,他创立了自己的工作室。就在他35岁那一年,他拥有了自己的广告公司。

上帝每天给予任何人的时间都是24小时,如果你勤奋,并珍惜它,那你的生命之树就会结出累累果实;如果你是懒惰的,那你最后只能带着一头白发,两手空空地哀叹曾经的岁月。

我们要珍惜今天、把握今天,要珍惜当下的每分每秒。

随着时光的流逝,一切都会改变,如果任其荒废,即使搭上整个生命,也是一无所有的。所以,不要再为走过的昨天扼腕叹息,也不要为还未到来的明天满怀豪情。把握好今天,做好当下的一切,让今天过得充实而有意义,你的生命就有了光彩,就有了无与伦比的价值。

4. 惰性是最大的"黑洞"

阻止我们前进的不是路上的大石头,而是自己鞋里的小石子,

而这颗小石子就是惰性思维。

行为上的懒惰,让人错失良机,陷入被动。而思维上的懒惰,让我们变得故步自封、冥顽不灵。所以,我们不仅要克服行为上的懒惰,更要克服惰性思维。

如果具体地来解释这个名词,那么惰性思维可以解释为人类思维深处存在的一种保守的力量。拥有惰性思维的人,总是用老眼光来看新问题。他们懒得接受新思想,因而他们总是喜欢抱着过去不放,用曾经被反复证明有效的旧概念去解释变化世界的新现象。

在生活的旅途中,我们如果总是按照一种既定的模式运行,固然会显得很轻松。但是长此以往地下去,就会衍生出消极厌世、疲沓乏味之感,所以说,惰性思维让生活更加乏味。更为可悲的是,如果走不出思维定式,我们往往走不出宿命般的可悲结局。

一家马戏团突然失火,人们四处逃窜,所幸没有人员伤亡。但令马戏团老板伤心和不解的是,那头值钱的大象却被活活地烧死了。

"这怎么可能呢?拴住大象的仅仅是一条细绳和一根小木桩啊!"老板怎么也想不通。

通常，没有表演节目时，马戏团人员会用一条绳子绑住大象的右后腿，然后拴在一根插在地上的小木桩上，以避免大象逃跑。我们都知道以大象的力量，可用长鼻子卷起大树，拖拉巨大的木材，甚至可以一脚踏死动物。为什么它如今则乖乖地站在那里呢？

原来，当这头小象被捕捉时，马戏团害怕它会逃跑，便以铁链锁住它的腿，然后绑在一棵大树上。每当大象企图离开时，它的腿被铁链勒得生疼，以致流血，经过无数次的尝试后，小象都没能成功逃脱。于是在它的脑海中形成了一旦有条绳子绑在它的腿上，那就永远无法逃脱的印象。因此，当它长大后，虽然绑在它腿上的只是一条小绳子或一根小木桩，但它却懒得再去思考拴住它的是什么东西。

对于这头大象而言，惰性思维让它懒得挣脱束缚，最后被大火活活烧死。这个世界瞬息万变，一切都是有可能发生的，你若是不肯改变固有的惰性思维，习惯于懒散拖沓，那么你永远都不会选择拼搏，最终的你将会变得一无所有。

如果想要克服惰性思维，就有必要先了解惰性思维的几种表现形式。对于一个人而言，如果身上沾染上了以下三种毛病，就可以断定他陷入了惰性思维的怪圈。

第一个毛病就是只把精力投入到表面。

透过现象看本质，把对表面的感性认识上升到对本质理解的理性认识。这个道理其实我们大家都懂的，然而事实上我们却又总是习惯于被表象所迷惑，甚至一再地重复犯错。

有句成语叫"碌碌无为"，忙忙碌碌却无所作为！很多时候很多人，总是一副忙得不可开交的样子，然而一旦让他们细细回想一下，却又会茫然于其忙的意义所在。总把过多的感情与精力投入到了外在的表象，而忽视甚至无视事物本质的东西。

第二个毛病是总在想当然。

我们总是习惯于以"我想应该是这样的"为借口，来作为搪塞我们进一步思索的理由，而懒于进一步地去思考，这就一次次地导致了我们与一个个机会的失之交臂。

其实很多事情，总和我们以为的不一样的。就像井底之蛙所认为的天只有井口那么大一样，所有的"想当然"不过都是人们主观臆想的产物，感性的东西，而现实才是客观的存在。

第三个毛病最可怕，那就是不寄予希望。

"与其还要跌倒，不如不再爬起。"总有些人如此消极地以为，跌倒而不再爬起。

曾有人做过这样一个实验：将一条鲨鱼和一群热带鱼放在同一个池子里，然后用钢化玻璃隔开。最初，鲨鱼每天都不断冲撞那块透明的玻璃，奈何这只是徒劳，始终无法过到对面去，而实验人员每天都会放一些鲫鱼在池子里，所以鲨鱼也没缺少猎物，只是它仍想到对面去，每天仍是不断地冲撞那块玻璃，它试了每个角落，每次都是用尽全力，但每次也总是弄得伤痕累累，有好几次都弄得身体破裂出血，持续了好长一段日子，每当玻璃一出现裂痕，实验人员则马上加上一块更厚的玻璃。

后来，鲨鱼不再冲撞那块玻璃了，对那些斑斓的热带鱼也不再在意，好像它们只是墙上会动的壁画，它只是等着每天固定会出现的鲫鱼。

实验到了最后的阶段，实验人员将玻璃取走，但鲨鱼却没有反应，每天仍是在固定的区域游着，它不但对那些热带鱼视若无睹，甚至于当它的美餐——那些鲫鱼逃到对面去，它也放弃了追逐。

很多人就像这条鲨鱼，经过一段时间的努力没有达到预期的目的，便会不再寄予希望，而选择了放弃。

阻止我们前行的不是路上的大石头，而是自己鞋里的小石子，而这颗小石子就是惰性思维。让我们行动起来，搬走心中的那块石头吧，它没有你想象的那么沉重。

5. 养成细节思维

创造辉煌和卓越的并不是天才，而是那些微小的细节。

放眼这个世界，有人看到的是美丽的风景，有人看到的却是无数的灾难和荒凉。其实，这个世界的美无处不在，就像我们的人生一样，关键在于你是否留意过这些，是否细心地体味过这个世界的美丽之处。

"泰山不拒细壤，故能成其高；江河不择细流，故能就其深。"细土慢慢累积才形成了泰山的高大雄伟，小小溪流合并才形成了江河的波澜壮阔。不要小看任何一个细节，每件大事都是由小事组成的，所以，任何事情细节的纰漏都可能造成重大损失，甚至全盘皆输。没有一件事是简单的，任何细微的东西都有可能成为决定成败的关键。

流水线上一个环节的小小失误就会导致劣质产品的出现；文案中一个小小数字的失误就可能会导致提案的失败。"失之毫厘，谬以千里。"即使你对工作再热情，如果不认真细心的话，那么最终也难以敲响成功的钟声。

某医院的妇产科来了个实习医生。

她大学毕业后分到某地区，已经独立手术。老医生做人工流产时，她在旁边小声说："出血这么少，我做时比这多。"

老医生意识到问题严重，立即问："你手术时器械进深多少？"

她回答的数字令老医生吃惊，足足多出四分之一，器械过深容易造成出血。老医生生气地说："你这是草菅人命啊。没看过教科书吗？上课时怎么听的课？实习时难道没操作吗？"

她小声说："以为人工流产很简单，没仔细看书。"

实习医生疏忽了四分之一却极有可能害掉一条性命。她可能没有认真读书，可能上课时一时走神儿，也有可能实习时顺手一做，总之，她从来没有细心地注意过自己的手术刀有多么重要。细心是一种素质、一种习惯，更是一种修养，无论从事什么职业，都要细心严谨，每个细节都有可能付出沉重的代价。

我们上学时，常常会因为一个小数点的点错而算错一道题，那时付出的代价也许只是一顿批评而已，但是如果生活中、工作中一个小数点的错误却十分可怕。

每个小的工作细节可能看似不起眼，但是，假如我们把台历上的过期贴纸及时撕掉，办公桌就会变得整洁；假如我们把电脑中的过时文件及时清除，电脑的运行速度就会加快。虽然我们的生活不会那么完美，但是如果能够在小细节上尽量做得完美，那么生活就会变得更加幸福，甚至得到意想不到的惊喜。

一位大老板因公到泰国出差，他入住了世界一流的东方饭店。他这并不是第一次入住，几乎每次到泰国出差他都要在这里下榻，因为这里不论是外部环境还是服务态度，甚至每个细节都让他非常满意。

一天早上，大老板刚刚走出房门，他准备去楼下用餐，当他走到电梯旁时，楼层服务小姐走上前，说："刘先生，您要下楼用餐吗？"大老板点点头，但是他很惊讶为什么楼层小姐认识自己，但是又一想，也许自己常常在媒体报道中出现，比较好认吧。想到这儿疑问也就打消了，于是快步走进餐厅。

"刘先生，您早，里面请！"餐厅服务小姐在门口迎接着。怎么会又认识我？大老板不禁愣在那儿。餐厅服务小姐看出了他的错愕，马上询问："刘先生，有什么需要帮您的吗？"

"你们认识我吗？"大老板问。

"是的，我们这儿有规定，当客人入住时，一定要认清每一位客人。"小姐微笑着回答。

"哦！"大老板不由得在心中赞叹，他继续问，"那你怎么会在电梯口迎接我呢？"

服务小姐微笑着解释说："上面打来电话，说您要下楼用餐了。"

大老板十分惊讶东方饭店办事的高效率和体贴入微的服务。

当服务小姐把大老板引到餐厅后，问："刘先生，您是要老位子，还是换个新位子呢？"

"老位子？"大老板奇怪地问，"难道我去年用餐的位子你们还记得吗？"

"是的，我已经查过您的记录，在去年6月8日的时候，您在靠第二个窗口的位子用过早餐。"服务小姐准确地说出了位子，大老板心里激动万分，忙说："那就老位子吧！"说实话，连他自己也不记得去年用早餐的位子。

服务人员很快把早餐端了上来，一份样子很特别的点心摆在了桌子上。大老板好奇地问："中间那个红色的是什么？"

服务小姐看了一眼，然后身子自动向后退了一步给他解释。

"旁边黑色的是什么做成的？"大老板又问。

服务小姐向前看了一眼，又后退一步解释。

大老板心中对东方饭店的服务佩服之极，服务小姐为了防止说话时口水溅到食物中，后退给客人解释，连这种小细节东方饭店都注意到了呀！

东方饭店给大老板留下的深刻印象，只是一次短暂的泰国之旅就这样令人难忘。五年后的一天，大老板突然收到一张贺卡，里面还有一封简短的信："亲爱的刘先生，您已经五年没有光顾东方饭店了，我们全体人员非常想念您，希望您再次光临。今天是您的生日，祝您生日愉快。"这时，大老板才想起，原来今天是他的生日，他十分激动地对身边的人说："如果去泰国，一定给我定东方饭店。"

"创造辉煌和卓越的并不是天才，而是那些微小的细节；挽救伟大事业的并不是英雄，而是高度的责任心。"东方饭店之所以能够成为一流酒店，那是因为它不仅提供了良好服务，还注意到了每个细节，把细节变得完美才有可能创造伟大的辉煌。

一个饭店要赢得客人的青睐和满意，细节上的功夫很重要；一个公司要想谋求更好的发展，细枝末节胜过一个大的决策；一个人要想取得成就，就要认真对待一点一滴的小事，一块一块的砖只有堆砌起来才会形成高楼大厦。

任何一个庞大的事物都是由无数个小细节组合起来的，忽视了细节，失败就会自动出现。要想取得成就并不难，只要具备强烈的责任感，创造完美的细节管理，终有一天必会成功。

6. 不要小看每一件小事

每一件小事都值得我们去做，不要小看自己所做的每一件事。

看似简单的事，做好也不容易。话总是说起来容易，做起来难，在这一点上，几乎所有的人都达成了共识。但有些人选择努力去做，有的人却选择了放弃。那些能够克服困难、踏踏实实做事的人，最终一定能够获得成功。

生活中总是充斥着各种各样的大事小事，那些能够从容处理的人，一定是从细节入手的。许多复杂的事都是由一个个小细节组成的，没有任何一件事情，小到可以被抛弃。若是小事被忽略，那再大的事也不过是空中楼阁，没有了细节，再复杂的工作只能是纸上谈兵。若想成就一番事业，获得成功，那就要把每一件小事做到位，由量的积累到质的飞跃，这样一来成功也就成了水到渠成的事。

汤姆·布兰德是美国福特汽车公司的总领班。总领班要负责各个车间的生产管理，并且要直接向公司领导反映生产过程中出现的各种情况。这个岗位可以说是非常重要。但是很多人并不知道，汤姆·布兰德在进入公司的初期只是美国福特汽车公司一个制造厂的杂工，在他职业生涯的开始阶段，就是在做好每一件小事中获得了成长，并最终成为福特公司的总领班。那一年他才32岁，是在这个有着"汽车王国"之称的福特公司里最年轻的总领班,这确实是一件很不容易的事。

汤姆在20岁的时候进入工厂,一开始,他并没有一味地蛮干、傻干,而是通过自己的观察,对汽车制造有了一个整体的认识。他了解到一辆汽车由制作零件到装配出厂,大概要经过多少道工序,要经过哪几个部门,这些部门各自的工作是什么,它们之间是如何协调工作的。最后他得出一个结论:如果自己要在汽车制造业做出一番事业,就必须对汽车的全部制造过程都能有深刻的了解。因此,他主动要求从最基层的杂工做起。

当时的杂工不是正式工人,没有固定的工作场所,经常是哪里有零活就要到哪里去。正是因为有了这份工作,汤姆才有机会和工厂的各部门接触。汤姆做杂工做了一年半之后,他申请调到汽车椅垫部工作。当他学会了制作椅垫的手艺,又申请调到点焊部、车身部、喷漆部、底盘部等部门去工作。就这样,在不到五年的时间里,他几乎在工厂的各个部门都工作过了。

汤姆的父亲看到儿子不断地调换工作部门,十分不解,他问汤姆:"你工作已经好几年了,可这几年你总是做些焊接零件、给零件刷漆的小事,你就不怕耽误前途?"

汤姆很理解父亲的心情,他笑着说:"爸爸,你不明白,我要做的不是一个部门的工头,我希望成为整个工厂的领导者,要做到这一点,必须花点时间了解整个工作流程,这样才能从整体和局部两个方面做好管理工作。我现在正在做的正是最有价值的事情,我要学的不仅仅是一个汽车椅垫是如何生产加工的,或者是油漆是怎么刷上去的,我要学的是整辆汽车是如何制造的。"

汤姆经过坚持不懈的学习、工作,经过一个又一个部门的实践,学会了一门又一门的手艺,当他确信自己已经具备管理能力时,他决定在装配线上施展拳脚，他申请到装配线上去工作。由于汤姆在其他部门干过，懂得零件的加工工艺和质量检验方法，这为他的装配工作提供了不少便利，使他学习得更快，进步得更快。没过多久，他就成了装配线上最出色的员工并因此晋升为领班。

汤姆·布兰德的成功实际上就是将每一件小事做好，然后积少成多，由量而质地发生飞跃，在岗位上做出了自己的成绩。汤姆做杂工干的是小事，而汤姆却从中获得对各部门的工作性质和工作环境的认识，为实现最终的职业目标打下了坚实的基础。所以，有这样一句话：与其浑浑噩噩浪费时间，不如从我们经手的每一件琐事、每一件小事中得到成长，由简入繁，积少成多，最终迎来人生的春天。

在现实中，对于做小事，不同的人有不同的理解，也就会取得不同的成就。不屑于做小事的人做起事来往往好高骛远，在高不成低不就中蹉跎；务实的人则会安心工作，把做小事作为锻炼自己、提高能力的机会。小事的积累可以让我们得到多方面的锻炼，增强自己的判断能力和思考能力。

注重工作中的每一件小事，可以让我们不断积累人生经验，最终获得能力的升华；放任小事，有时候不仅是错失锻炼自己的机会，甚至会养成种种陋习，最终毁掉自己的前途。

有一个关于柏拉图的故事，说柏拉图看到一个小孩在玩一个荒唐的游戏，他就严厉地责备了小孩。小孩子说："就因为这点小事，你就责备我？"柏拉图回答说："如果养成了习惯，可就不是件小事了。"中国古代有很多这种由于小毛病造成危害的典故，"千里之堤，毁于蚁穴"、"失之毫厘，谬以千里"说的都是这个道理。

不管做什么事情，哪怕再小再不起眼，即使不需要什么技巧与能力，也要持之以恒努力地把它做好！

每一件小事都值得我们去做，不要小看自己所做的每一件事！即便是最普通的事，也应该全力以赴、尽职尽责地去完成。小任务顺利完成，才有利于你对大任务的成功把握。一步一个脚印地向上攀登，便不会轻易跌落。

如果我们忽略了那些自以为烦琐的小事，时间久了，忽略就会成为我们的一种习惯，眼中无物，心中无物，更不要说什么成功了。

说到底，最重要的是细节！品质来源于细节，成败也取决于细节。细节做得不到位，设计得再巧妙也无济于事；细节做得不过关，再宏伟的建筑也是一个伪劣工程。美国的石油大亨约翰·洛克菲勒曾经说过："听到大家夸一个年轻人前途无量时，我总要问：他从工作细节中学到东西了没有？"

细节，在很多人看来微不足道，但它往往就像机遇一样，把握住了就能踏上成功之路；把握不住，就会给自己增添了无数的绊脚石，让自己没有信心走下去。

一家国际贸易公司招聘业务人员，有一位年轻人前来应聘，他毕业于名牌大学，又有三年外贸公司工作的经验，在众多的应聘者中，他算是各方面条件相对不错的一个了。

"你原来在外贸公司做什么工作？"主考官问道。

"花椒的进出口贸易。"年轻人回答。

"近几年的花椒质量下降，销路非常不好，你知道是什么原因吗？"考官又问。

年轻人下意识地想到了花椒采摘手法对质量影响很大，就说："一定是农民在采摘花椒的时候不够细。"

出乎年轻人预料的是，考官给他讲起了花椒采摘的门道。原来花椒采下来以后，要在太阳下暴晒一整天，如果晒不好，就不能称为上品。但是最近几年，很多农民为了图省事，把采摘来的花椒放在热炕上烘干。这样烘出来的花椒虽然从颜色上看起来和晒过的花椒差不多，但是味道就相差很远了。这样产品的销路当然就不会像原来那么好了。

"一个好的业务员要重视工作中的每个细节。"考官最后送给年轻人一句话。

我们有时就像故事中的年轻人，自以为了解自己熟悉领域的一切，但当事情发生的时候，才发现我们忽略了很多，而这些被我们忽略的东西，往往决定着我们的成败。工作也好，生活也罢，有太多被我们忽略的东西了，我们自负地不去看那些细节，然后抱怨自己拥有的太少，可成功的真谛往往就存在于被我们忽略的细节之中。

很多成功的经验告诉我们：世界上没有做不到的事，只有做不成事的人。细节只要做到位了，那么事情也就做成功了。放弃抱怨吧，踏实地从细节做起，到你成功那天，你会发现，自己曾经的做法是值得的！

7. 你只需做好当天的功课

人生想得太远了才复杂，着眼于今天就不会有那么多的烦恼。

生活的精彩之处就在于没人知道第二天会发生些什么事。明天等待自己的可能是温暖的阳光，也不排除会是狂风暴雨，虽说每个人都希望人生一帆风顺，但没有困难的衬托，幸福也不会显得那么强烈。

至于明天会发生些什么，那是未来的事情，现在的你没必要去探究，你只要按照自己的步调过好每一天就够了。

庄子有过一段困苦的日子，最困难的时候甚至没米下锅。一天，他实在是饿坏了，便到专门管水利的监河侯那里去借米。监河侯当时正在忙着收租，听了庄子的请求后，他这样说："我现在正在收租，你等我把所有的租金收齐，就借你300两金子。"

庄子听后笑了笑，给监河侯讲了一个故事："昨天，我经过这条路的时候，突然听到有人叫我的名字。四下寻找半天，才在一个车辙里找到源头，是一条小鲫鱼。它请求我给它一些水，有了水它就能活命。我说这不是问题，只是我现在身上没有水，所以要先到吴越去，向越王请求开通西江，将水引到这条路上来，这样它就能回到大海了。听我这样说后，小鲫鱼告诉我，如果我这样做了，那么等水调来后，我去卖鱼干的铺子说不定还能找到它。"

故事讲完，庄子就离开了。

人生当中有时需要等待，但并不是天天都在等待。每天等待着明天的到来，这样的日子便是荒废、便是虚度。成功靠积累，人生也需要积累，在获得幸福之前，达成目标之前的每一天都可以看作是一种积累。

活在当下才是最重要的，人的精力是有限的，你没有那么多的精力去计划好未来的每一天，因为未来谁也不知道是什么走向。你所要做的就是过好今天，过好眼前的日子，一天过去后有充实感，不会后悔，才是完美的。这样的日子累积到一起，才是最充实的人生。

在课堂上，老教授用玻璃杯倒了一杯水，放在讲桌上，问学生："你们觉得我倒这杯水有什么目的呢？"

"想让我们目测一下这杯水的重量。"一个学生试探着回答。

老教授接着问："那你们觉得这杯水有多重呢？"

"大概有20克吧！"

"水很重的，看起来怎么说也得有500克！"

"杯子这么小，装不下那么多水，我看最多也就200克！"

……

学生们讨论得非常激烈，可是最终仍旧没有一个定论。这时，一个学生提议用手端着杯子感受一下，大家都觉得这个主意很好，于是有个学生走上讲台端起了杯子。

老教授看着学生的做法，笑了笑，问道："你确认好了吗？"

"我想我还需要再端一会儿才能确定。"学生认真地回答。

老教授没有再说什么，可是端了一会儿后这个学生也没能估算出重量来，弄得手臂也发酸、发麻了。老教授让学生放下杯子，回到自己的座位上，然后端起杯子，一饮而尽。

学生们都感到很不可思议，在学生们不解的目光中，老教授说话了："人们为什么要倒水？倒水不过是因为口渴而已。这样简单的事情，却要弄得这样复杂。口渴了就要喝水，什么时候渴了，什么时候端起杯子。一直举着杯子，头脑里却在想着其他的事情，根本的问题是解决不了的。"

人生想得太远了才复杂，着眼于今天就不会有那么多的烦恼。

过去的事情已过去了，无从改变；明天的事情还是未知，无从计划；这样我们只需要过好今天，就能听到幸福在敲门。若是为了处处领先于别人而提前做明天的事情，那么最终自己只会付出更多的时间和精力。

院子中有一棵参天大树，秋天到了，这棵树每天都会落下一些枯叶。里面的小和尚就有了一个工作——每天清扫院里的叶子。

为了使白天来的香客不会看到一片破败景象，小和尚每天都要起早做这件事情。秋风瑟瑟，大早上清扫落叶实在是一件苦差事，尤其寒风一刮，扫好的叶子就会四散飞扬，弄得到处都是。

扫落叶每天都要花费小和尚大把的时间，为了轻松一点，他每天都在想各种办法。

一天，他终于想到了一个不错的法子。第二天一早，他就按照自己的办法实施了。在扫地之前，他使劲摇晃大树，希望将所有容易脱落的叶子都摇下来，这样只清扫一次就可以一劳永逸了。这天，他干得比平常时间更久，也耗费了更多的体力，不过也比平日里更起劲，只要想到明天可以不用扫落叶了，小和尚就像有用不完的力气一样。

可是让人想不到的是，这天晚上刮了一场大风，第二天小和尚到院子里一看，满地的落叶……

无论你今天怎么用力摇树，第二天的落叶还是会飘下来。世上有很多事是无法提前预知的，唯有认真地活在当下，才是真实的人生态度。明天如果有烦恼，你今天是无法解决的，每一天都有每一天的人生功课要做，努力做好今天的功课再说吧！

不管你今天为明天如何铺垫，明天都有明天的"落叶"，时间是不会提前的，所以很多事情自然也无法提前。今天想要解决明天的烦恼是不现实的，与其为了未知伤脑筋，还不如好好度过今天。

一辈子说长不长，说短也不短，关键在你怎样过。只看眼前有时并非消极怠工，而是目标的细化。看着远处的高山，心中难免会有各种顾虑，但只看着脚下的路，便能让自己一步一个台阶不断攀高，直到攀上人生的巅峰！

/ 第七章 /

相信未来明亮,前路就一定有光

有些事,年轻的时候不去做,以后就再也不能做了。正值青春,拿出你拼搏的勇气,管他什么挫折和困难,管他什么压力和磨难,只管去拼,就不信没有成绩。

1. 冬天越冷，春天越近

人生的低谷不可怕，可怕的是我们沉溺其中，不知道如何自拔。

人，其实都比想象中要坚强许多。做人要有一份淡定的心境，不管遇到了什么磨难，都不要抱怨命运不公平，也不要从此悲观绝望，厌倦世俗。在生命的过程中，没有过不去的门槛，只有跟自己过不去的人；在人生的四季中，没有过不去的严冬，也没有盼不来的春天。

她是一位普通的农村妇女，可她的人生却像一本厚重的书。

18岁时，她结婚了。26岁时，她赶上日本军队在农村进行大扫荡。为了生存，她带着两个女儿和一个儿子东躲西藏。村里很多人受不了这种暗无天日的折磨，想到了自尽，她得知后总是劝慰说："别这样啊，没有过不去的坎儿，日本军队不会永远这么猖狂的。"

终于，她盼到了日本军队被赶出了中国的那天。可是她的儿子却在炮火连天的岁月里，因为缺医少药、缺吃少喝营养不良，最终因病重而夭折了。她的丈夫无法接受这个事实，一连在床上躺了几天。她心里也难过，却流着眼泪说："咱们的命苦啊，可再苦也得过下去啊！儿子没了，咱们再生一个，人生没有过不去的坎儿。"

过了两年，她又生了个儿子。可儿子刚出生不久，她的丈夫却因病去世了。这对她来说，真的是一个巨大的精神打击。很长时间，她都没回过神来，可最后还是挺过来了，她把三个未成年的孩子揽到自己怀里，说："别怕，娘还在呢，有娘在，谁也不敢欺负你们。"

她一个人拉扯着三个孩子，含辛茹苦，终于看到他们长大成人。两个女儿嫁人了，儿子也娶了媳妇，她逢人就乐呵呵地说："我说吧，人生没有过不去的坎儿，现在的生活多好呀！"

造化弄人，这个命运多舛的女人并没有得到上苍的眷顾。她在照看孙女的时候，不小心摔断了腿。因为年纪大了，做手术的风险太大，就一直没有手术，而她只能一直躺在床上。儿女们都哭了，她却说："哭什么，我还活着呢。"

行动不便的她，没有一丝抱怨，她坐在炕上，戴着一副老花镜，安安静静地织围巾、绣花、做点手工艺品，邻居们来串门，都说她的手艺好，还纷纷要跟她"拜师学艺"。

就这样，她一直活到了87岁。临终前，她只对儿女们说了一句话："我走了，你们要好好活，人生没有过不去的坎儿……"

面对敌人的残害，她不屈服；面对生活的艰辛，她不低头；面对亲人的离去，她不绝望。她只是一个柔弱的农村女人，可她却有着一颗淡定而强大的心，她始终相信，世上没有过不去的坎儿。她用自己瘦弱的双肩扛着巨大的痛苦与不幸，带着孩子们一步一步地走了过来。

人生的低谷不可怕，可怕的是我们沉溺其中，不知道如何自拔。所以，当生命的浪潮涌来时，不要手足无措，不要以泪洗面，让自己淡定下来，因为怨叹、悲泣、痛苦，都救不了你，它只会加深你的怨叹、悲泣、痛苦，让你坠落得更深、更惨！生命中真正的幸福来得绝不会一帆风顺，当你咬紧牙，忍着悲痛挺过去时，就会惊喜地发现，时间会冲掉你所有的悲伤。

22岁那年,她大学毕业。就在她接到一家大公司的录用通知那天,父亲却突然因为意外撒手人寰。她悲痛欲绝,三天里不吃不喝,仿佛生活夺去了她所有的希望。她的世界变成了灰色,原本俊俏的脸上也写满了痛苦和憔悴,见者心碎。那时的她,绝不会想到,微笑与幸福还能与她结缘。可是,一年后的她,依然幸福地恋爱了;三年后的她,已经成了一个孩子最依恋的妈妈。她的生活,又变得灿烂多姿。

生命中亲近的人离开了,这固然是难以承受的打击。可每个人的人生都会经历这样或那样的痛苦,不幸不尽相同,心情却都相似。你可以给自己一段时间,尽情发泄心中的痛苦,但是过了这段日子之后,就要慢慢平复自己的情绪,如果暂时做不到忘记,那么请把这一切交给时间,它会帮你抚平创伤。你不要频频回顾,而是要相信,痛苦不是永恒的,它终有一天会过去,而快乐也终会重新找到你。

人生来一无所有,离世的时候仍旧两手空空,来人世走上一遭,重要的是经历。虽然有些回忆让我们觉得痛苦,但看看眼前,一切都已过去。时间能够改变一切,自然也能治愈一切。人生也有四季变换,时间一刻不停地在走,所以要相信,即便寒冬降至,也会盼来春天。

2. 困难存在的价值就是被克服

心存希望，未来就有希望，心中若是阴雨连绵，生活就会失去阳光。

没有人会喜欢困难，但既然苦难已经横亘在人生路上，就有它存在的价值。在人生路上，它的存在价值是给我们历练，让我们跨越，通过战胜困难不断成长。对于我们个人而言，它存在的价值就是要被我们克服。

但是有些人误解了困难的意义，在苦难的阴影下失去自我，失去了对未来的希望，失去了对生活的信心，浑浑噩噩地度过每一天。但也有些人深知困难是成长的阶梯，所以在经历苦难的锤炼之后变得更加坚强果敢，在人生的道路上走得更加从容和自信。

困难是我们最好的大学。对年轻人来说，吃苦是获得成功必须要经历的。每个人都应有意识地培养自己的抗压能力和好心态，尤其不能被想象中的困难吓倒。

美国作家斯蒂芬斯说："每场悲剧都会在平凡的人中造就出英雄来。"纵观历史，不同时代不同国度，确实有许多英雄人物都经历过不幸。比如《史记》的作者司马迁曾经被处以宫刑；《红楼梦》的作者曹雪芹家道中落，曾饱尝数十年食不果腹的贫寒日子；《命运交响曲》的作者贝多芬正值大好年华时竟两耳失聪。

真正坚毅的灵魂绝不会因为遭遇困难而沉溺于悲观。没人喜欢生命中晦暗的那一段，但就像前面说的那样，晦暗的日子只是暂时的，时间不是静止的，一切都会动起来，没有不散的乌云，更没有过不去的困难。

一些英雄在悲剧发生之前也曾是这个世界中的无名小卒，是悲剧成就了他们，让他们的声名和光辉在他们的生命消逝百年之后依然被人们所铭记。

这样的英雄，并不在少数。

米切尔本是一个身体健壮的青年人，但是悲剧在这一天突然降临，心情愉悦的他正骑着摩托车飞快地奔驰在一条笔直的公路上时，车祸发生了。

车行一半，当他习惯性地扭头看后方是否有车开过来时，没想到行驶在前面的大卡车突然刹车。电光火石间，来不及做任何反应的米切尔，为了保住性命，他闪电似的将摩托车的把手压低，让车身侧倒滑进卡车底下。

没想到，就在这个危急时刻，摩托车的油箱盖突然崩开。悲剧不可抑制地发生了，油箱里的汽油溅洒出来，被摩托车和马路摩擦出的火花引燃。

当米切尔恢复意识时，全身70％面积都已烧伤的他已经在医院的病床上躺了好几天。伤口让他痛得不能动弹，甚至连呼吸都极为困难，但是，米切尔并没有因为疼痛而放弃求生意志，他不断地告诉自己："无论如何，我一定要活下去。"

很长一段时间，米切尔都生活在疼痛中，后来，他终于靠着坚强的意志力挺了过来，并且重新开始了新的人生与事业。然而，命运又一次捉弄了他，因为一次飞机失事，米切尔的下半身从此瘫痪了。

在接二连三的不幸的打击下，米切尔也会委屈地想要大哭，但更多的时候，他是斗志昂扬的。就是在激昂的斗志下，身有残疾的他在当时成了美国最活跃的成功人士之一，他除了事业有成外，还进入了国会，在1986年时，他还当上科罗拉多州的副州长，并且多次进行巡回演讲。在某次演讲中，他说："因为这些不幸经历，让我真正地体验到生命的成功与喜悦。"

对于苦难，有些人首先想到的不是如何战胜它，而是感到害怕和恐惧。即便本身不算是太困难的事，也能被人想象成巨大的难以战胜的困难，从而产生恐惧心理，最终被想象中的困难吓倒。

人总会不由自主地害怕黑暗，但是仔细想想，黑夜总会过去，更何况，有时想象出的各种可怕的事情，事实上多数不会发生，只是自己想象而已。有人曾说，黑暗并没有什么好怕的，打开室内的灯，我们就能驱除内心的任何一种怀疑。要知道，有些时候，我们都是在自己吓自己。我们并不是被困难所击倒，而是被自己的恐惧心态打败了。

每个人都是在困难中成长进步的，困难给予我们的是勇气和财富。被人们称为"苦难大师"的美国总统林肯，几乎是在困难中泡大的，他先后经历了少年丧母、中年丧妻、老年丧子的重大打击，人生的道路上更是磨难重重，但他仍然坚强不倒。

既然如此，我们何不把苦难当成一所大学呢？对怕苦者来说，艰难困苦是一个大大的包袱；对吃苦者来说，却能从中能找到知识的财富。当我们能战胜苦难时，也就从这所大学毕业，获得了在社会中生存的资本。

"天将降大任于斯人也，必先苦其心志，劳其筋骨，饿其体肤，空乏其身，行拂乱其所为，所以动心忍性，增益其所不能。"当上天要将一件重大的任务交给一个人时，定要先让他经历种种考验，以此磨炼他的心性，让他增添原本没有的能力。困难是为了让人变得更强大，如果我们能从生活的每一次坎坷中汲取前进的力量，我们就能够获得更加坚挺的脊梁，就能开创出一个崭新的人生。

天空不可能每天都是晴空万里、阳光明媚，我们的人生也会有阴云密布、狂风暴雨的时候。晴朗和阳光带给我们生命中的灿烂风景，而狂风暴雨带给我们勇气、毅力，可以培养出坚韧不拔等种种美德。困难不只是折磨，更是考验，是将我们人生的原石琢磨成珍品的过程，一切困难都是为了让我们变得更加强大。困难就是我们最好的大学，主动走进这所大学吧！去迎接挑战而不是逃避，你就能在这所大学中修成正果。

3. 百转千回后，柳暗花明时

每一种厄运，都隐藏着让人成功的种子。

在送别时，人们常常喜欢用"一帆风顺"来做最后的结语。但是自然界的常识告诉我们：风帆只有直面风浪的时候，航船才会走得顺利。其实，那些人生中的挫折就是吹向风帆的风，只有坚持住，直面它，才有可能顺利地前行。成功后不偏离最初的梦想，受挫后不迷失坚持的方向，这也正是一个成大事者的气度。

常常有人抱怨自己的一生不如意，总是遭受各种无端的折磨，而一旦陷入这样一个循环中，那么越来越多的不如意也就会不期而至。有很多人习惯将人生比作一场旅行，那些不经意经历的挫折，在很大程度上都可以看成旅行中的岔路，只有历经这些岔路之后，才能找到正确的前进方向。

当我们在荒野中迷失了方向时,应该感谢上天让你有了一份自救的能力;当我们在工作的时候,领导的训诫让你不再犯同样的错误。

熟悉瓷器行当的人知道,绝顶的瓷器是有着灵性的,它体现的是烧瓷人的性格。台湾的一位著名陶艺师以其二十年来对陶艺的坚持与喜爱,并不断地向前辈、大师学艺,历经无数次的挫折和失败,最终形成了独具一格的作品特色。

在陶瓷艺术中,这位陶艺师是一名十足的"痴人",艺术已经完全融入到了他的生命之中。他总是强调自己的名字中带有火字旁,他也很在意这个火,"都说炉火纯青才能让瓷器摇曳生辉",与传统的瓷器烧制方式有所不同,他通过改变火在窑炉中穿行的过程来烧制别具一格的瓷器。

在材料方面,他也不同于传统的柴烧方式,而更多地运用燃气窑、电窑等多种方式来保证他想要的温度。特别是他最钟爱的小口瓶瓶口的直径只有0.1厘米,工艺难度非常高。根据这位陶艺师介绍,这样的瓶子,通常来说,烧10个,其中的9个都会以失败告终。可正是因为这样的工艺难度,才让他埋头于自己的工作不断地寻求改进的方法。在他看来,正是这一次次的挫折让他不断地逼近完美,一次次的失败最终让他成型的作品散发着迷人的光辉。

这位陶艺师的成功是多方面的,除了他的天赋外,还有他的坚持。这种坚持来源于他对挫折的理解,来源于对成功信念的不放弃。烧制一个自己心仪的陶瓷作品成功率如此之低,但他坚信自己能够有看到完美作品的那一天,最终他的作品慢慢接近完美。

完美本不存在,但你可以尝试接近完美。若是一心想着求稳,不肯努力，更不肯直面挫折，那么你的人生就是一个随处可见的瓶子；若是你将这些挫折看作完美的原材料，那么最终你一定能创造出惊世之作！

　　出生在贵族家庭中的巴威尔·利顿爵士，原本完全可以凭借着家族中的财富享受自由自在的奢华生活，但是他最终却选择了写作这样一个职业。众所周知，职业写作并不像世人想象中那样的清闲，它完全是一个苦差事，还经常需要熬夜，所以当时他的选择遭受到了众多人的质疑。很多人认为他完全是哗众取宠，觉得以前没有丝毫文学才华表露出来的他只是为了满足自己的好奇心，体验一下生活而已。但是，只有巴威尔·利顿本人才知道他坚持这样做是为了什么。

　　经过夜以继日的煎熬，巴威尔终于创作了自己的首部诗集《杂草和野花》。然而，这部凝结着他心血的作品却被当时的文学界视为毫无价值。一位文学评论家甚至讥讽道："这就是真正的'杂草和野花'，巴威尔那个家伙还真是自不量力，以为凭一句'啊，美好的生活'就能够进入作家行列，实在是太可笑了。"

　　第一部作品的失败使得贵族出身的巴威尔成了当时文学界最大的笑料，但是他并没有放弃，而是将他人的批评看作是对自己的一种激励。于是，他继续埋头创作，过了一段时间后，他的首部小说《福克兰》问世了，令巴威尔感到沮丧的是，这又是一部失败的作品。在经过这次的打击后，一些看不惯他的人对他的嘲讽就变得更加肆无忌惮了，认为他根本不可能在文学上取得任何成就。

　　可是，连续两次的失败并没有让倔强的巴威尔消沉，他仍然笔耕不辍，坚持继续写作。或许正是这种倔强的精神让巴威尔对文字慢慢有了灵感，一年以后，巴威尔发表了自己的第三部作品《伯尔哈姆》，这部作品一问世，就得到了广大的评论家以及读者的好评，成为一本大家都津津乐道的好书。

从失败的阴影中走出来以后，巴威尔继续自己的文学创作之路。在以后的写作生涯里，他又发表了许多优秀作品，受到广大读者所喜爱。

爱默生说："每一种厄运，都隐藏着让人成功的种子。"在一次次的挫折中，巴威尔没有被挫折打败，而是在挫折中找寻到了正确的方向。

温室里的花朵即便再鲜艳，它也没有经历风雨后的花有魅力，一个不历经挫折的人，很难体会到百转千回后柳暗花明的喜悦。

挫折是成长之中的常态，它让强者穿越迷雾，也让弱者无所适从。无论一个人多么不愿意面对挫折，但是要想成就一番事业，就必须学会在挫折中默默地忍耐，学会在挫折中渐渐地辨明方向，学会在挫折中慢慢地积蓄力量。展望未来自会苦尽甘来，犹如鲲鹏展翼，扶摇直上。

4. 历经失败才能更强大

打倒你的，从来都不是失败，而是心态。

巴尔扎克说："挫折就像一块石头，对于弱者而言它是绊脚石，只能让人止步不前；对于强者而言，它却是垫脚石，让人站得更高、看得更远。"

失败是和成功相伴的，没有失败，人们就品尝不到成功的味道。然而失败也和痛苦相伴，这才是人们所不能接受的。实际上，失败并没有想象中那样可怕，如果你过度沉溺于失败带来的痛苦和挫败，你就永远找不到前进的方向。

失败并不意味着一无所有，它也可以看作是人生的一个警示牌，通过失败总结经验教训，改变对策，重整旗鼓，才能以更好的姿态去拥抱成功。在失败中善于做一个"淘金者"，才能找到自己真正需要的东西。

在古苏格兰，有个国王名叫罗伯特·布鲁斯。在他统治期间，周边的那些部落总是企图入侵苏格兰，虽然他率兵奋力抵抗，但还是有6次输给了侵略军。身为国王，屡战屡败让他的自尊必受到了沉重的打击。一个王者不能守护自己的国家，屡次输给别人，这种痛苦让他不能自拔。

罗伯特不愿再去想侵略者，他只想摆脱这种痛苦。一天，他在茅屋里休息的时候，偶然看到了一只正在织网的蜘蛛。这个小东西一次次地将蛛丝缠到对面的墙上，但是却一次次地失败。罗伯特数了数，这只蜘蛛和自己差不多，已经经历了6次失败了。但是这只蜘蛛似乎并不知道失败的痛苦，仍旧不断尝试。终于，在第七次的时候它成功了。

罗伯特看后深有感触，他想：一只小蜘蛛都知道不断尝试，不断调整自己，我为什么不能这样做呢？于是他不再逃避，重新分析6次战败的经验，终于在第七次的时候打败了入侵者，守护了自己的家园。

如果将奋斗分成两部分的话，那就是守护和追求。人们有时会为了追求而奋斗，有时也会为了守护而奋斗，但失败不会在意你为什么奋斗，总会不合时宜地出来打扰你。若是你被失败吓怕了，妥协了，那你就正中了失败的下怀，任何消极情绪都不会希望你重新站起来。

如果换一个角度看呢？失败又算得了什么？大不了从头再来，一次失败不能否定你的能力，也不会让你变得比一无所有还要凄惨，只要豁出去，就可以战胜它！

看看那些伟人们吧，就算是刻骨铭心的失败，就算是深入骨髓的疼痛，他们也不会被这种阴影笼罩一辈子，因为他们知道，时间会让伤口愈合，时间会给自己反击的机会，时间，自会解决一切。

我国古代有两名了不起的军事家，分别是孙膑和庞涓，他们年少时一起跟随鬼谷子先生学习兵法。因为鬼谷子隐居山中，所以他们平时和外界接触的机会不多，同窗情谊变得更为珍贵，他们甚至以兄弟相称。

他们从师几年后，魏国国君开始四处招贤求才，庞涓本就不喜欢山中的寂寞，想着自己也是时候一展才华了，便拜别了鬼谷子，下山入仕去了。而孙膑则认为自己学艺不精，还有很多东西要学，所以依旧跟在鬼谷子身边。

庞涓下山那一天，他对孙膑说："我们是八拜之交，情同手足。若是我能够在魏国闯出一片天，一定再来请你出山，和我一同建功立业。"

就如庞涓预料的那样，到了魏国没多久，他就成了元帅，掌握了兵权。他率兵一次次地让周边的诸侯国臣服，因此名声大振，不仅人民拥戴他，就连魏国国君都非常敬重他。

就在庞涓建功立业的这段时间里，孙膑潜心研究兵法，有了突破性的进展，此时的他能力早已在庞涓之上了。魏国有人听说，马上报告国君，力荐孙膑。魏国正值用人之际，国君听说之后，便派人请孙膑下山。

听说魏国有人举荐自己，孙膑第一时间想到的就是自己的同窗庞涓，但是，此时的庞涓因为功成名就，早已张狂自大了，他根本就没有想到过孙膑。当二人在朝堂上相遇之后，并没有预想中的那种感动，孙膑自是激动，但庞涓只是表面上的开心。他发现魏王很敬重孙膑，而在自己四处打拼的这段日子里，孙膑显然已经比自己更有能力了，他不愿意孙膑留在自己的身边，怕自己的地位不保。

于是，庞涓假意让位，背地里却做起了手脚。他使计离间魏王和孙膑，让魏王误解孙膑，而他却装好人，一边安慰孙膑，一边又在魏王面前说他的不是。最终，孙膑被用刑削掉了膝盖骨。此时，孙膑才意识到自己被曾经的兄弟算计了。

庞涓陷害孙膑之后，并没有打算放他走，而是将他关了起来，想要套出他跟鬼谷子后来学的那些兵法。虽然被同窗陷害心里难过，但孙膑并没有沉浸在这种痛苦中，他不甘心就这样失败！为了出逃，他装疯卖傻，庞涓见孙膑已经疯了，料想也套不出什么有用的东西，便放松了警惕。

曾经举荐过孙膑的那个人不忍见孙膑过这样的生活，于是书信一封，将孙膑的能力和境遇报告给了齐国大将田忌。田忌觉得孙膑是个人才，就趁着庞涓不注意的时候将他救走了。孙膑获救，为了报答田忌的救命之恩，也为了报仇雪恨，他开始辅佐田忌，不断进献良策。

最终，田忌和庞涓对战，孙膑用自己的计谋围困住了自大的庞涓，一雪前耻。

不管怎么看待，失败都不会是一件快乐的事情，它会给人以挫败感，会给人各种伤痛。孙膑便是尝尽了这种滋味，明明是一个成功的军事家、谋略家，却被自己的同窗算计、陷害，甚至留下了终身无法痊愈的伤痛。但是他让自己的心愈合了，他相信，以自己的能力，绝对有反败为胜的机会，这次失败错在他看错了人、信错了人。所以在日后的对战中，他没有再犯同样的错误。

在一个地方摔倒了，要坚强地站起来，并想想在接下来的路上怎么避免相同的事情发生。你要相信，经历过失败的你比任何人都强大，失败不会将你打倒，未来更不会！

5. 野百合也有春天

在梦想的照耀下，寂静的山谷里会有百合花盛开，

平凡的人生也会绽放出别样的光彩。

人活一口气，这口"气"其实就是支撑人们能够不断走下去的梦想。一个人可以被剥夺财富、剥夺健康，甚至剥夺自由，但是永远无法被剥夺的就是梦想。

任何人都可以拥有自己的梦想，都有为自己的梦想付出努力的权利。农夫梦想着自己家的母鸡一天下两个蛋，国王则梦想着让周围的国家臣服。虽然梦想不同，但有梦想的人都是值得尊敬的。

在实现梦想的过程中，周围的一切可能不会十分如意，可能会碰到意想不到的挫折和困难。只有屡败屡战，斗志才会一次比一次更强大；愈战愈勇，信心就会一次比一次更坚定。

从屡战屡败到屡败屡战，从字面上看只是顺序的不同，但是事实上却是有着天壤之别。"屡战屡败"，突出的是一个"败"字，说明战者无能，次次战败，让人产生对其能力的极大怀疑；而"屡败屡战"突出的是一个"战"字，说明战者勇猛，次次战败，但却能次次卷土重来、不肯认输。

梦想不需要成本，但追梦需要拼搏的精神。一个人若是什么都不肯付出，那么梦想再小也绝无实现的可能；反过来说，若是向着目标不断努力，

即便开始时一无所有,最终也一定能够守得云开见月明。纵观古今,那些能够梦想成真的人,无一不是在实现梦想的道路上走得十分艰难,但是他们最终都坚持下来了。记住,在挫折与困难面前,不要忘记自己的理想,更不要放弃。

很多人都看过电影《光荣之路》,这部电影讲述的是一名篮球教练哈金斯到一支成绩很差的球队执教的故事。哈金斯是一个具有坚强意志的人,他决心在NCAA(National Collegiate Athletic Association,全国大学体育协会)里面闯出名堂,而且他的思想非常开明,他并不以肤色区分天才,在他的篮球队里,需要的只是胜利。

在这一思想的指导下,哈金斯从校园中招收了一群非常有篮球天分的黑人学生作为自己球队的核心,开始了他艰苦的光荣之路。在最初的时候,这些球员不知道职业篮球和街头篮球的区别,而哈金斯总是不断地用梦想激励着他们不断前行。

在经过一段系统的训练以后,教练哈金斯坚定的信心感染了球队里的每一个人,这支混合了黑人的球队一路披荆斩棘,最终闯进了决赛。最后在马里兰大学著名的Cole Field House击败白人的肯塔基队,获得了1966年NCAA篮球比赛总冠军。这场比赛成为美国体育史上最重要的几个事件之一。它不仅捍卫了黑人的尊严,更具有划时代的意义,因为它使得美国大学篮球正式进入到了黑白共存的时代。

这并不是一个虚构的故事,而是在美国篮球史上的真实事件。这一事件从某种程度上可以说是重新定义了篮球这项运动。当然,推动这一切的就是梦想的力量。因为有梦想,教练才愿意接手一支上赛季只取得寥寥数场胜利的球队,也正是因为有梦想,在街头打球的黑人球员愿意承受大量的训练和众人的白眼,还是因为有梦想,最终在决赛中球队的白人运动员选择了服从教练指挥……

哈金斯的梦想并不一定能成功,有可能失败,更何况,他向一个极高的目标发起了挑战。但是他坚持了,梦想最终变成了现实。

在梦想的照耀下,寂静的山谷里会有百合花盛开,平凡的人生也会绽放出别样的光彩。在没有人为自己欢呼的时候,要懂得给自己加油;在没有人理解的时候,自己要做到坚持不放弃。

6. 假如给你三天黑暗

在光明下欢笑是一种本能,而在黑暗中欢笑则是一种品质。

是人都会做梦,既然是梦,也就意味着会有梦醒的时刻。有人说,梦醒的时候是最难过的,因为暂时还看不到希望,但是也有人说梦醒时是最幸福的时刻,因为在梦醒之后就可以看到黎明的曙光。

不过,想要等到黎明前的曙光,首先要做的就是想办法度过漫漫长夜。这是一个艰难、漫长、备受"煎熬"过程,同样也是一个必经的阶段。沉溺于自己梦想不愿醒来的人是懦弱的,他们害怕梦碎的一刻;不愿去梦想的人是可悲的,因为他们无法享受到梦幻变成现实是多么令人欣喜。

黎明之前必然经历黑暗,因为有了黑暗,探寻光明的价值才会充分体现出来。黑暗只是实现梦想的必经之路,因为黑暗的侵袭而放弃希望的人，最终只会被黑暗所吞噬；相反，那些在黑暗中仍然仰望光明并孜孜以求的人，终究会看到生命舞台上色彩斑斓的宏图。

很多人都说盲人是弱势群体，但是她是无数个"中国盲人第一"的创造者：中国第一位女盲人钢琴调律师、第一位骑独轮车的盲人、第一位开卡丁车的盲人、第一位盲人跆拳道"黄带"选手、第一位加入世界杰出华人协会的盲人……很难想象这些成就是一位双眼视力仅为0.02、患有先天性白内障的盲人所创造的。童年时，父母因她的先天性白内障而抛弃她，但姥姥留下了她，并给予她全部的爱。姥姥用尽全部心力来培养她、教育她、磨炼她，是姥姥的支持让这位从小失明的孩子勇于面对困难，勇敢而坚强地一路走来。

生活中，她并不像大部分人想象的那样没有乐趣，在与人交往的过程中，她是一个乐观开朗、爱好广泛的人。她游泳考取了深水证，跆拳道晋升到"黄带"，她还喜欢弹钢琴、骑独轮车，喜欢猫，也喜欢画猫。

但作为一名盲人钢琴调律师，她在刚开始找工作时处处碰壁，几乎所有人都不相信盲人还会调音。一架钢琴，8000多个零件，闭着眼睛一一触摸，再调出精准的音律，这听起来似乎是件不可能完成的事，但她却把这种不可能变成了可能。她凭借坚忍执着的精神、熟练的技术、严谨的工作态度，最终赢得了客户的信任和肯定，开创了事业的新天地，成立了中国第一家盲人调律网。

黑暗的存在就是为了衬托光明，然而这个世界上也有和故事中女孩那样从未见过光明的人。虽然他们的眼前一片漆黑，但是他们的心中却充满着光明，可见，光明由心而生。我们为什么不能多察觉一下阴影背后的阳光，对未来多一点希望呢？

记得诗人顾城的一首诗中有这样一句话:"黑夜给了我黑色的眼睛,我却用它寻找光明。"的确,身处黑夜困境并不可怕,可怕的是丧失斗志、放弃希望。人生的成功与否,其实在于心境,在于我们能否在黑夜中寻找到光明。

海伦·凯勒是一个生活在黑暗中却又给人类带来光明的女性,一个度过了生命的88个春秋,却熬过了87年无光、无声的孤独岁月的弱女子。

然而,正是这么一个幽闭在盲聋的黑暗世界里的人,用顽强的毅力克服生理缺陷所造成的精神痛苦,竟然成为哈佛大学的毕业生,并在大学期间就和老师合作发表了她的处女作《我生活的故事》,讲述她如何战胜病残。这本书给成千上万的残疾人和正常人带来鼓舞,被译成50种文字,在世界各国流传。

后来,凯勒到美国各地,到欧洲、亚洲发表演说,为盲人、聋哑人筹集资金,建起了一家家慈善机构,为残疾人造福,被美国《时代周刊》评选为20世纪美国十大英雄偶像。

"二战"期间,凯勒又访问多所医院,慰问失明的士兵,她的精神备受人们崇敬。1964年被授予美国公民最高荣誉——总统自由勋章,次年又被推选为世界杰出妇女。

有梦可以做、有光明可以企盼的岁月是幸福的,这种岁月不分年龄,只要你对未来还有期待,你就有权期盼未来的岁月,你就还有时间等待曙光的降临。

每个人都好像是一叶扁舟——面对浩瀚的大海,显得如此渺小、孤独和迷茫,然而,每个人的心灵救赎最终还是要靠自己。我们依然要有所期待、有所探寻，期待熬过黎明前最冷最暗的黑夜，用自己的双手赢得未来。

在光明中欢笑是一种本能，而在黑暗中欢笑则是一种品质，请学会在黑暗中探寻光明吧！

7.忍耐是为了更好的遇见

时间的步伐总是不变的，你催它也不会走快，你着急时它也不会放慢脚步。

"冬天来了，春天还会远吗？"一句妇孺皆知的名言，多少年来给了许多人以等待的勇气。它教人们再耐心一点儿，再等一等，凛冽的北风很快就过去，河岸的杨柳很快就吐芽。

人生也是一样，也许此刻你正经历严冬，你瑟瑟发抖，不敢奢望未来从哪个方向向你投来春晖。如果你能够再多一点耐心，多一点坚韧，你怎么知道冰雪覆盖下的不是明年的春绿？春天也许会姗姗来迟，但迟早会到。

时间的步伐总是不变的，你催它也不会走快，你着急时它也不会放慢脚步。很多时候，我们唯一能做的就是耐心等待。如果你现在还没有足够的能力去迎接成功，就请等待你能力成熟的那一天到来吧！

等待虽然令人痛苦，让人觉得无从忍耐，但若是坚定了信念，相信自己的梦想正在尽头，那么再痛苦的忍耐也可能变为享受。让忍耐升级为享受的人，正是你自己！

春天是美好的，值得我们付出一切去见证。等待是一方面，审时度势、争取机会也是必不可少的。当春天来临的时候，一定要想尽一切办法抓住机遇。

有一位中国留学生初到加拿大，希望可以通过打工来赚钱完成学业。刚开始，他只是骑着一辆破旧的自行车到处找工作，帮人放羊、收庄稼、割草……什么重活累活他都干过。那段日子真是他生命中严酷的冬天。

有一天，他正在唐人街的一家中式餐馆帮人洗碗，偶然在报纸上看到了一则招聘启事。这是一则来自加拿大电讯公司的招聘启事，招收数名线路监控员，年薪35000加元。年轻人意识到自己留学生涯中的春天到了，他一定要拿下这个职位！

这位年轻人本身就很有能力，果然他在面试中一路过五关斩六将，眼看就要签订最终的协议了，招聘主管却出人意料地问他："你有车吗？会开车吗？"原来这份工作需要时常外出查看线路，如果没有车简直没法完成。

他初来乍到，手头又紧，怎么可能已经买车了呢？然而他深知这份工作机会不能错过，于是毫不犹豫地脱口而出："Yes！"

主管与他签订了协议，最后告诉他："四天后开车来上班！"

四天，对于一个没有车也没学过开车的人来说实在是太短了，但是话已出口，由不得他收回。于是，第二天他先去一位朋友那里借了500加元，在二手车市场买了一辆勉强可以开出门的"甲壳虫"，开始了他三天的学车生涯。

第一天，他向朋友请教了一些简单的驾驶技术；第二天他在朋友家的草坪上练习开车；第三天，他开着车歪歪扭扭地上了大马路。就在主管说的四天后，他开着车去公司报了到。如今这个中国留学生已经做到了加拿大电讯公司的业务主管。

如果没有当时的毫不犹豫,恐怕这份影响他一生的事业的工作机会就要与他擦肩而过。他正是凭借超凡的勇气,勇敢地把握住了人生的机会。

有时候,成功喜欢与人捉迷藏,你越是寻它,它越不肯出现,用姗姗来迟来考验人的耐心。在等待成功或者寻找成功的路上,我们必须多一点耐心。也许就是因为你多等了一秒钟,巨大的危机转变成了转机;也许因为你回头多看了它一眼,发现了从前未曾发现过的新的路径;也许因为你多抱了一点希望,奇迹真的出现了。

时间不会因为你的焦躁而改变自己的步伐,这个时候,我们需要的就是耐心等待,耐心是给自己和成功的双重机会。在这个过程中,你可以休养生息,调整自己,说不定下一秒成功就会敲响你的大门。

8. 莫让冲动控制了你

如果你无法抑制自己的冲动,那么就让时间来抑制。

冲动是魔鬼。人一旦冲动,就会丧失理智,就会做出一些不理智的举动,到头来只能是害人害己。

冲动是思想上的"魔",冲动做事就会走火入魔,给自己和别人都带来极大的损失和痛苦。人们常感叹:"世上没有后悔药。"路是自己走出来的，可是为什么世人却又对后悔药念念不忘呢。很大的原因，就是听凭一时冲动做了事，造成的结果再也不能更改。

人与人之间发生误会是正常的，如果时时冲动，那么我们将一直生活在悔恨中。小到做人，大到治国，皆是如此。冲动会让人一时头脑发热，对周边的环境、对自身的现状都缺少客观而清醒的认识。如此，失败便是不可避免的。在关羽败走麦城、惨遭杀戮之后，作为兄长、一国之君的刘备，就因终究没能沉住气，一时冲动造成了无法挽回的悲剧命运。

刘备历尽艰辛，终于拥有了东西两川和荆州之地，创建了帝业。然而由于关羽的失误，荆州被东吴所夺，关羽也被算计杀害。

刘备听闻，悲愤交加，立刻要起兵伐吴，发誓要为关羽报仇。

赵云劝说道："当今的国贼是曹氏，并非孙权。曹操虽然死了，但曹丕却篡权自立为帝，神人共怒。陛下应该讨伐曹丕，而不是剑指东吴。倘若一旦与东吴开战，就不容易立刻停止，其他大计就无法实施。还望陛下明察。"

刘备心知这番话的道理，确是审时度势之言，然而，兄弟之情让他的心中已充满了复仇的冲动，一心向战。他对赵云说："孙权杀害了我的义弟，还有其他忠良志士。这是切齿之恨，只有食其肉而灭其族，方能消除我心中的仇恨。"

赵云再劝道："曹丕篡汉的仇恨，是大家的仇恨；兄弟之间的仇恨，是私人的仇恨。希望陛下以天下为重。"

刘备甩袖反问："我不为义弟报仇，纵然有万里江山，又有何益？"

遂起兵伐吴，欲扫平江东。但最后落得个火烧连营、白帝城托孤的下场。

刘备的这一决定显然不是建立在冷静的心态之上的，他已完全被悲伤和愤怒的情绪所控制，只凭一时冲动办事，由此导致了他失去应有的理智，丧失了审时度势的能力。不但复仇未成，还把自己的性命赔上，而初有所成的蜀国帝业也受到重创。

这样的失败对于刘备而言，可以说是灭顶之灾。冲动办事的结果常常是彻底的失败，且越冲动，造成的损失越大。

一意孤行的刘备就是被冲动左右了的人。在这一点上，他比之同时期的曹操就差远了。殊不知，曹操也曾遭受家人被害的惨痛，也曾有过切齿之恨，可他最终的选择却与刘备相反。

曹操平定了青州黄巾军后，声势大振，拥有了一块稳定的领地。于是派人把自己的父亲曹嵩接来，同乐尽孝。

曹嵩带着一家老小四十余人途经徐州时，徐州太守陶谦想借此交好曹操，亲自出城迎接曹嵩一家，并连续两日大设宴席，热情款待。

曹嵩一行离开时，他派兵士五百人护送，可谁知护送的这批人中竟有黄巾军的余党。当初归顺陶谦只是一时之计，归顺后也并未得到任何好处。如今看到曹家财宝数车，便起了歹心。他们一行人半夜杀了曹嵩一家，抢光了所有财产，夺路而逃。

曹操接到报告，咬牙切齿道："陶谦放纵士兵杀死我父，此仇不共戴天！我定要尽起大军，洗劫徐州！"

然而，当曹操率军攻打徐州，欲报仇雪恨之时，情况发生了变化。陶谦在惶恐中向孔融求助，而孔融又找刘备帮忙。刘备向公孙瓒借兵以解徐州之围。在两方对峙的时候，吕布在陈宫的劝说之下偷袭了曹操大营兖州，占领了濮阳。

这边大仇未报，怎料又节外生枝。曹操虽然复仇心切，但同时他又十分冷静地进行了分析，认识到自己处境的严重性："兖州失去了，就等于让我们没有了归路，不可不早作打算。"

于是，曹操便咬牙停止了复仇计划，拔寨退兵，前去收复兖州。由于克制下了一时的冲动，曹操摆脱了这次危机，保住了自己的地盘和势力。

如将曹操的遭遇与刘备的情况进行比较，不难看出，刘备仅失去了一个义弟关羽，而曹操却痛失了一家老小四十余人。从情理上讲，曹操的仇恨应该更加强烈、更加难耐，可他并没有完全被复仇的冲动所左右，感情冲动后仍能清醒地察觉危机，冷静地把握事情的发展趋势；相反地，刘备在冲动之下，没有认识到东吴根基已久，孙权善用贤能，上下团结，绝非如刘璋之辈那般软弱；同时北边曹丕虎视眈眈。在尚需稳定政权、巩固人心之时，只有联吴抗魏，方能长治久安。此时的刘备眼前，只有义弟云长的身影，桃园之情、同生共死之义充满了他的内心，从而实施了伐吴复仇之计。其失败是注定的。

生活中不难见到因为冲动而做出后悔事的人，那些法制节目中泪流满面、身穿囚服的罪犯，很多都是一时冲动犯下了错。但是后悔是没有用的。

如果你无法抑制自己的冲动，那么就让时间来帮自己抑制。当情绪上涌的时候，在心里默默地数数，让自己慢慢冷静下来。

物无美恶，过则为灾，控制好情绪，耐得住冲动。遇事沉得住气，才能使目更明、耳更聪，才是深谋远虑之举。

/ 第八章 /

心态决定命运

人与人之间本身并无太大的区别,真正的区别在于心态。喜怒哀乐是人之常情,生活总是由悲欢离合组成,我们不能控制自己的遭遇,但我们可以控制自己的心态。

1. 千万不要放弃自己

挫折并不能打倒我们，真正打倒我们的是自己消极的心态。

一句广告词说得好，"一切皆有可能"。这个世界充满了奇迹，只看你是否有勇气去创造。伟人并非一开始就是伟人，在他们成就伟业之前，总会经历很长的一段蛰伏期，在这段时间里，他们会承受无数的质疑和偏见，甚至是侮辱……但不管别人怎样看待他们，就算把他们当作疯子，他们仍然充满信心，相信自己，正是有着这样的心态，才能坚持到最后，创造奇迹。

人要相信自己、珍惜自己，别人才会相信你、敬重你。

心理学家曾经做过这样一个实验，将两辆外形和使用程度都完全一样的汽车停放在同一个车场，打开其中一辆车的引擎盖和车窗，而另一辆则保持不动。结果发现，打开车窗和引擎盖的那辆车在3天之后就遭到了人们的破坏，变得面目全非，而另一辆车则没有什么变化。这时候，心理学家将完好的那辆车的玻璃打碎一块，仅仅一天之后，所有的玻璃都被别人打碎了，内部的东西也一点不剩地被偷光了。

根据这个实验，心理学家得出了著名的"破窗理论"。这个理论认为，人们认为那些坏的东西即便是让它再坏一点也无妨。对于完美的东西，所有的人都会发自内心地维护它，不愿主动破坏；对于那些残缺的东西，大家从来不会在意。

人们也曾经用"破窗理论"在一座城市里做过相类似的实验。

在一条一直非常干净的街道上，实验者们扔了一些生活垃圾，然后刻意不去打扫它们。过了几天，整条街道就被铺天盖地的垃圾堆满了，碎纸片和塑料袋漫天飞舞。同时，人们把另一条街道打扫得一尘不染，并且随时打扫，让这条街道时刻保持清洁。过了一段时间，人们发现，这条街道即使不去打扫也会保持整洁，总会有人主动把散落在街道上的垃圾扔进垃圾箱；如果碰到外人往地上乱扔垃圾，还会有人制止。

若想赢得尊重，赢得成功，你就要永远保持积极向上的心态，永远不要自暴自弃。

现年18岁的女孩道恩·罗根斯，出生在美国北卡罗来纳州罗恩达尔市。她出生在一个非常贫困的家庭，她和哥哥肖恩从小就跟着染有毒瘾的继父和他们的生母四处流浪。在大部分时候，他们一家人都住在没有水电的破旧房子里，只能在公共厕所里洗澡，点蜡烛念书。

有一天，罗根斯向学校老师去借蜡烛，人们才发现她的悲惨生活。由于家里没水没电，所以她和哥哥要走20分钟的路去打水，而且经常连续两三个月也不能洗澡，几星期穿同一套衣服到校。小的时候，罗根斯根本不知道自己的生活和别人有什么区别。只记得同学们给她取了个外号叫"脏孩子"。直到初中时，同学们仍然这样叫她。

更不幸的是，不久之后，罗根斯的父母突然扔下一双儿女悄然失踪，罗根斯和哥哥从那以后就成了孤儿。由于父母的失踪，罗根斯和哥哥连家也没有了，兄妹俩每天晚上只好去朋友家借宿，睡在人家的沙发上。让人钦佩的是，身处逆境的罗根斯并没有因此而自暴自弃，在如此艰难的情况下,她依然坚持完成学业!

后来,罗根斯以优异的成绩考取了哈佛大学。罗根斯的事迹被媒体报道,不少人都为之动容。在经历了人生的种种考验之后,罗根斯说:"没有任何借口能让你自暴自弃,一个人必须尊重自己,而后才能得到别人的尊重。"

或许你的生命中也有些不完美,但是你不必为此感到难堪,你应该意识到,自己也有别人所没有的才能。如果你因为一点点的坎坷和不幸就陷入自暴自弃当中,就不要指望获得他人的尊重,更不要指望能赢得人生了。因为从你放弃努力的那一刻起,你也在向所有人宣布,你是个彻头彻尾的失败者。

生活中,有的人遇到一点挫折时,就感觉承受不了,然后自暴自弃,要么逃避,要么就破罐子破摔,甚至走上报复社会的道路,这些人其实就是一些输不起的懦夫。

有人害怕事业失败,有人害怕人生失败,其实这样或那样的失败都是可以通过不懈的努力扭转的,就像有人说的那样:"这世界上没有永远的失败!我宁可一千次跌倒,一千零一次爬起来,也不向失败低一次头。"有这种想法的人一定不会永远与失败相伴。如果你因为这一点点的失败就自暴自弃了,恐怕就会从此失掉人生,因为自暴自弃是人生最大的失败。

生活或者事业不可能事事如意,通往成功的大道上会遇到许多障碍,但只要我们不被失败打倒,不气馁,持之以恒,始终坚定如一,最后赢得胜利的一定是我们。

其实,挫折并不能打倒我们,真正打倒我们的是自己消极的心态。你觉得不可能,那么世界就充满了不可能;你觉得一切皆有可能,那么你的世界便充满奇迹。

2. 爱笑的人，运气不会太差

无论遇到什么困难，无论什么时候都要让自己保持自信的微笑。

美好的事物总是会招人喜欢。对于人们来说，美貌是吸引人眼球的重要因素，但是这并不代表只有样貌才可以吸引别人的注意力。其实，容颜不必要多么漂亮才能吸引人，一个满面愁容的美女不一定会多么招人喜欢，相反，一个笑容灿烂的女孩，总能展现出最美丽的一面。

笑容是自信之人独有的魅力，只有充满自信，才能在任何情况下展露出笑容。笑容能够化解寒冰，自然也能帮助人们渡过难关。

世上没有绝对幸福的人，只有不肯快乐的心。让自己拥有快乐的心境，才会有战胜困难的决心，才会有面对人生的勇敢。常带一张笑脸，可以让我们内心更加快乐、更加自信。自信又美丽的心会让我们平淡地面对一切挫折和磨难，更好地接受生活。保持愉悦的心情，可以让自己的精神状态更加出色，可以让我们更好地迎接挑战、解决困难，与此同时，生活也会回馈给我们以温暖。

世界是一面镜子，你怎样对它，它就会怎样对你。如果你总是哭丧着脸，每天闷闷不乐，那么世界就会带给你更多的苦闷；如果你每天积极乐观地面对世界，让自己的内心充满欢乐、充满自信，让微笑总是挂在自己的脸上，世界就会还给你一个又一个晴天。

有一个小女孩，因为自己长相丑陋，所以感到自卑。平时她很少和其他的孩子一起玩耍，她的脸上也很少见到笑容。慢慢地，她变得自闭起来，几乎不与任何人说话。父母看在眼里，急在心上。为了让女儿变得乐观起来，父亲想尽办法。

有一天，父亲带她去参观两座庄园。当他们走进第一座庄园时，小女孩发现庄园里随处可以听到明朗的笑声。五颜六色的花朵在阳光下十分鲜艳，不时有蝴蝶和蜜蜂在悠闲地飞舞着。在里面遇到的每一个人，都热情地跟他们打招呼，并且送上他们真诚的微笑。

父亲看到小女孩嘴角露出了一丝微笑，感到非常开心，便问女儿道："你喜欢这里吗？"小女孩点了点头说："喜欢呀，这里的风景很美，这里的人也很热情很亲切，就像家里人一样，我很喜欢。"

接着，父亲又把女儿带到另一个庄园里。这座庄园没有第一个庄园的鸟语花香，更没有热情好客的人。整个庄园显得死气沉沉，地上长满了蒿草，种植的花有好多都凋零了。庄园里的人见到这父女俩都面无表情，没有一个人主动跟他们打招呼。

参观完这座庄园后，父亲问女儿道："我们今天去了两个庄园，你愿意生活在哪一座庄园里呢？"

小女孩不假思索地说："当然是第一个庄园了，我很喜欢那里！"

"为什么呢？"父亲询问道。

小女孩说："因为他们每个人脸上都挂着笑容。他们给我阳光般的感受，让我感到温暖；第二个庄园里的人却阴气沉沉，没有一丝笑容，这让我感觉很不舒服，生活在那里我会很难受。"

父亲满意地说："是啊，只有笑容才会融化我们心中的积雪，当你笑的时候，也就拥有了一座美丽的庄园。而这些笑容来自于对生活的感激,因为他们对人生充满自信,对人生抱着积极乐观的态度。"

小女孩恍然大悟,明白了父亲带自己参观庄园的用意。从此以后,她学会了笑对生活,她不再自卑,变得非常有自信,她的生活也越来越快乐了。

快乐的生活是自己创造的,脸上时常保持微笑,生活才会美好。从这个故事中可以看出,不快乐往往是由自己的内心决定的,其实小女孩仍然能拥有足够的理由使自己高兴和欢乐。在痛苦与困难面前,只要看得开,想得明白,让自己拥有足够的自信,让自己脸上泛起笑容,生活是很美好的。

生活不会赋予我们太多的东西,一切都需要我们自己创造。不管困难夺走了什么,微笑总是你有能力赋予自己的。在挑战面前微笑,在困境面前微笑,让微笑成为一种习惯,你就会发现,生活处处是鸟语花香,一切都会因为你的微笑而美好起来。

在一个偏僻的小村子里有一个小女孩。同其他的孩子不同,她天生就有口吃的毛病,这让她的生活有很多的不便。

她的同学总是学她说话的方式嘲笑她,每当举办一些唱歌聚会的活动时,同学们都不会邀请她。

这些对女孩的打击非常大,但是她没有认命,也没有自暴自弃。相反地,她发誓一定要改变自己在别人心中的看法,一定要让自己变得更好。

她开始要求自己每天都保持自信的微笑,无论遇到什么事一定要让自己的脸上呈现出灿烂自信的微笑。

不久,学校组织了一次演讲比赛。女孩觉得这是证明自己的最好机会，她相信只要自己有信心，就一定会获得成功。

她开始每天练习演讲，虽然口吃，但是她还是非常认真地一字一字说着。无论多么困难，她依然面带自信的微笑。

功夫不负有心人，小女孩的付出终于有了回报。经过她的不懈努力，女孩居然一路过关斩将杀入了决赛。

决赛那天人山人海，很多人都来一睹演讲者的风采。轮到小女孩上场了，只见女孩笑容满面地走上了讲台。刚开口，台下就开始骚动了起来。一些人开始非常不满："怎么回事？口吃的人也可以参加演讲，竟然还进了决赛！"女孩不紧不慢的语速甚至让评委也有些不耐烦。

看到大家的冷嘲热讽和漠不关心的神情，女孩没有被打垮。出人意料的是，她露出了自信的微笑，向大家说道："我……信……自己的……能……力，请大家也要……相信……我……好吗？"

女孩自信又真诚的微笑打动了现场的人们，台下立刻安静了下来。女孩的声音再一次响起来。每个人都非常认真地听着女孩的演讲，他们忘记了时间，忘记了刚才的质疑和嘲笑。

女孩的演讲结束了，评委给了她很高的评价。台下的观众全都站了起来，为她送上了雷鸣般的掌声。

20年后，女孩早已不是当年那个说话吞吞吐吐的小女孩了，她成为一名著名的主持人，其机智幽默的主持风格让她获得了认可。当很多人问她的成功原因是什么时，女主持人露出灿烂的笑容说："无论遇到什么困难，无论什么时候都要让自己保持自信的微笑。"

自信的微笑是我们战胜一切困难的必备因素，如果我们没有自信的微笑，我们就不会在磨难多多的人生道路上一路驰骋。像这个女孩一样，不要向命运低头，而是昂起头，以自信的微笑去回击世界的挑战。

世界上最美丽的容颜是笑脸，一张笑脸是一个人的生活态度，一张笑脸是一个人的内心强大与否的真实反映，一张笑脸更是一个人是否热爱生活的写照。拥有一张灿烂的笑脸，世界才会明亮，人生才会精彩。

3. 失去什么，也别失去热情

现状是我们无法改变的，但心态是我们有能力控制的。

在现实生活中，有很多人对自己的生活很不满意，感叹自己命不好，失业、生病、股票大跌等厄运如影随形；在公司里遇不见伯乐，自己这匹千里马只能困在槽头，于是，感叹自己生不逢时，处境处处不满，得不到施展自己才华的机会；在情场上失意，就认为天下真爱难寻，对爱情丧失信心……

其实，过生活就像在谈一场恋爱，你对它失去了热情，那么它就很难献给你成功。

热情是一种态度，如果对生活冷淡漠视，你就会无止境地重复每一天，直到你对生活完全失去信心，最终只会自怨自艾，抱怨生活不幸。

对于这种人而言，成功是根本不可能的事情，因为在他们眼中，命运早已经注定了，自己只是命运的木偶，不管怎样努力，结果都不会改变。

随遇而安的淡定固然重要，但积极向上的热情也必不可少。不论做什么事，只有心中充满了热情，才有可能为之付出100%的努力，才有

可能赢得美好的前程。

在一个明媚的下午，美国作家威莱·菲尔普斯去逛纽约的第五大道，他突然想起自己需要买一双袜子，至于买一双什么样式的袜子，作家倒是觉得那是无所谓的事情。他看到第一家袜子店，就走了进去，接待他的是一个年纪很轻的店员，这名店员迎面向他走来，询问道："先生，您要什么？"

威莱·菲尔普斯说："我想买双短袜。"

令作家没有想到的是，这个年轻人眼睛闪着光芒，话语里含着激情，"您知道吗，您现在所在的商店，是这个世界上最好的袜子店。您需要一双什么样的袜子？"作家一愣，他没有想到一个卖袜子的人会有如此富有激情，他仅仅是需要一双短袜罢了，走进这家商店纯粹就是一种偶然。

只见那个年轻人小心翼翼地从一个个货架上取下许多个盒子，然后把里面的袜子都展示给作家看，让他欣赏。作家感到非常不可思议，他对这个小伙子说："等等，我只买一双！"那年轻人则回答说："这我知道，我想让您看看这些袜子有多美，有多么漂亮，真是好看极了！"

作家发现，在介绍袜子的时候，这个年轻人的脸上洋溢着热情，像是在把自己最钟爱的东西拿出来给别人看。作家心中立刻升起了对这个年轻人的兴趣，把买袜子的事情抛于脑后。作家略微犹豫了一下，然后对那个年轻人说："我的朋友，如果你能一直保持这样的热情，如果这份热情不只是因为你感到惊奇，或因为得到了一个新的工作，如果你能天天如此，把这种热心和激情保持下去，不出十年，你就会成为美国的短袜大王。"

威莱·菲尔普斯为什么会断定那个年轻人一定会有所成就？因为他从年轻人身上看到了一种对待生活的热情。这个年轻人虽然做着非常平凡的工作，但是他依然充满着对生活的热爱，这样的人，最终会赢得人生。

不爱自己的生活，厌弃自己的工作，这样并不能让你摆脱现状，只会让你沉溺在一种无法摆脱的消极情绪中，让你对一切都失去信心，并对生活产生怀疑。事实上，对于生活的热情是我们每个人都应该拥有的，但是在日复一日的平淡日子里，热情被慢慢地消耗。人们一旦失去了热情，就会变得疲惫不堪、无可奈何、垂头丧气、气急败坏，再难有平心静气的时候，也难得再有闲庭信步从容的时候。

人的热情是怎么失去的？我们可以举一个简单的例子来说明这一点。

在一只猴子面前摆上一些食物，但是却用一层玻璃将猴子和食物隔开，一开始，猴子会非常急切地想要得到这些食物，但是当它做出百般努力都无功而返之后，猴子便对这些食物失去了热情，即便是将玻璃拿开，猴子也不会再去为得到食物而努力。因为希望总是破灭，所以猴子失去了对食物的热情。

生活中有太多的焦虑，年龄的、身体的、情感的，等等，我们所能做的，是努力把焦虑变成动力而非压力。

遭遇失败，难免会情绪低落，但是你千万记住，不能让自己的低落情绪不可控制。即便是你现在没有明确的解救之道，也要始终保有对生活的热情，热情虽然不是解决问题的手段，但是能让你打起精神来面对问题。

现实是我们无法改变的，但心态却是我们有能力控制的，我们要始终保持着一份热情。

生活不是一件容易的事。既然知道生活不容易，那么，为什么不能快乐一些？物质或许很匮乏，但心情是我们能够调控的。快乐作为一种心情，势必受到客观环境与条件的挤压，这时就需要反作用力，这种力量源于我们内在的修养和坚强。保持对生活的热情，我们就会变得更加自信、勇猛，有毅力。

4. 心存希望，未来就有希望

心存希望，未来就有希望；心中若是阴雨连绵，生活就会跌入谷底。

人生在世，很多人都想获得成功，但成功究竟是什么，做到怎样一种程度才算是成功呢？其实人生的考场无处不在，但满分的标准不止一个，我们有许多个角度可以给自己评分。这就告诉我们一个道理，生活中，看待问题不要太极端。

富兰克林说过："生活中的事情，既非一切都是那么美好，也非一切都是那么糟糕，生活是由好与坏组成的混合体。"

事实上，很多时候我们的生活仿佛阴云密布，如果此时就自暴自弃，对自己的人生丧失信心的话，就会一事无成。因此，富兰克林劝导年轻人，要排除极端情绪，这能帮助我们避免许多情绪上的大起大落，还会让我们保持对生活的热情。

很多对世界做出过杰出贡献的人都曾被老师或他人认为在某方面不聪明，例如，因为做了好几个丑板凳而被老师讥笑的爱因斯坦，后来却成了世界闻名的大科学家。这就说明成功的标准不止一个，别人觉得糟糕没关系，只要你觉得还有希望，那么一切都还有转机。

生活中，我们不能因为孩子顽皮就否认他的天真和可爱，同样地，也不能因为一个人在某方面的缺点就否定他整个人，对自己也应持有正确的态度。不管处在什么环境、别人如何看待我们，我们自己都要相信自己，一切向前看，向好的方面看，人生才能走向好的方向，我们才能勇往直前。

苏格拉底开始和朋友住在一个环境恶劣、嘈杂的小屋子，然而他并没有因此闷闷不乐，而是每天笑对生活。人们不解地问他为什么，苏格拉底回答道："这间屋子虽然小，但是我可以和我志同道合的朋友每天在一起学习、讨论，这有什么不值得我高兴的呢？"

不久之后，朋友们逐个找到更好的住所，便搬走了，这时苏格拉底依然笑对生活，没有因为朋友的离开而感到烦恼。人们便又问他为何这么高兴，苏格拉底说："我的朋友虽然都走了，但是我真挚的书友还在这里，这些书籍一辈子都不会离我而去，有它们陪伴，我又有什么不值得高兴的呢？"

苏格拉底从来不会从消极的方面看待问题，他懂得用智慧的眼光看待周围的恶劣环境，而不是一味抱怨。如果苏格拉底和世俗人一样因为一点点不满就怨天尤人，否定自己的人生的话，那么他就不会如此快乐。

不管是顺境还是逆境，我们都要以最美的姿态活着，这样就不会令自己陷入极端的痛苦，从而发现生活的美好和幸福。请记住：心存希望，未来就有希望；心中若是阴雨连绵，生活就会跌入谷底。

5. 得不乐，失不悲

快乐与否，只是我们内心看待得失的角度。

一位名人曾说："得失有定数，求而不得者多矣，纵求而得，亦是命所应有。安然则受，未必不得，自多营营耳。"

我们总认为得到本就理所当然，失去反而成了非常态。所以，每每失去，就不免感伤和追忆。其实，每个人心中都是明白的，在漫漫人生路中，得失随时相伴。人生苦短的叹息，花开花落的无奈，即使诗画中也是风雨和阳光同在。这才是大自然的规律，也是普通人的平凡生活。

然而，平凡中自有升华。每一次的觉悟和放弃，都是一次灵魂的洗礼。伤感过后，仍是要回到现实生活中，日子并不会因为个人而改变。就在这叠进式的理解中，逐渐会懂得超脱地望向未来，人生也因此而更加美丽。

其实，人生就是一个不断得而复失的过程，就其最终结果而言，失去比得到更为本质。随着整个生命的离去，我们所拥有的一切都终将失去。世事无常，没有任何一样东西能够被真正占有。既如此，又何必患得患失呢？我们应该做，也是所能做到的，便是在得到时珍惜，失去时放手；安然于两者之间，心平而气和。

东晋大诗人陶渊明向来被世人奉为安贫乐道、高洁伟岸的精神典范，一段《五柳先生传》便足以为证：

"环堵萧然，不蔽风日；短褐穿结，箪瓢屡空，晏如也。常著文章自娱，颇示己志。忘怀得失，以此自终。"

想当初，那不为五斗米折腰的陶潜，也曾有过报效天下之志，十三年的仕宦生活是他为实现"大济苍生"的理想抱负而不断尝试、不断失望，终至绝望的十三年。然而，终究赋《归去来兮辞》，挂印辞官，彻底与上层统治阶级决裂，坚决不与世俗同流合污。对于所谓的荣辱得失，怎一个潇洒了得。

回归故里后，陶渊明一直过着"夫耕于前，妻锄于后"的田园躬耕生活。初时，生活尚可："方宅十余亩，草屋八九间""采菊东篱下，悠然见南山"，虽简朴，却乐在其中。

后住地失火，举家迁移，生活便逐渐困难起来。如逢丰年，还可以"欢会酌春酒，摘我园中蔬"；如遇灾年，则"夏日抱长饥，寒夜列被眠"。然而，其安然于得失的本色，丝毫不改。

陶渊明的晚年生活愈加贫困，却始终保持着固穷守节的志趣，老而益坚。东晋元嘉四年（427）九月中旬，神志尚清时，他为自己写下了《挽歌诗》三首。在第三首诗中末两句说："死去何所道，托体同山阿。"如此平淡自然的生死观，情也飘逸，意也洒脱。

或许，对于陶先生的境界，我们无法企及，但至少能做到的，便是抱有一颗淡泊明志、从简修行的心，平静面对得失，执着于自身超脱。固然炎凉冷暖，又何碍于以冷眼旁观，泰然自若。

得到的并不一定是最好的，也并非是让我们刻骨铭心的——但这却是属于我们能够拥有的；得不到的也不要执迷于此，失去也未必不是一种简单和轻松。清风两袖间，更显得飘逸和潇洒。

平日里，我们好像只关心自己那些失去的，一味地沉浸于喋喋不休的懊恼与追悔中，无形中留下了许多伤感与怨恨。其实，快乐与否，只是我们内心看待得失的角度。

有一位老人久居山野村落，每天早晨都往返于水井与家之间，他只挑两担水。

日子久了，水桶就有点漏，滴滴答答，一路上留下长长一行的水印。路人提醒他说："您换副水桶吧！"老人笑笑不语，依旧挑着旧水桶来来去去。

后来，仍不断有好心人提醒，老人除了感谢之外，依然没有任何改变。邻居终于不解地问道："您那么辛苦地挑了一担水，可水桶是漏的，等走到家时恐怕早已漏掉了小半桶。这不是白费力气吗？您何不换一副好桶呢？"

老人坦然一笑，说："没有白费力气啊！你回头看一看，这一路走来，我桶里漏的水不是都浇了路边的花草了吗？你看它们长得多好啊！"

对于得与失，老人早已释然了，所以他才有了如此安然而平和的心态。失去其实并不可怕，可怕的是我们不能够正视现实。当我们对失去感到遗憾的同时，可能就在不经意间得到了另一种收获。既然已经失去了，又何必耿耿于怀、纠结于心呢？放弃不必要的烦恼，珍惜眼前的平凡，自娱自乐，心安理得，没有刻意的追求，便不会有失去的伤感和沉重。

人生并非一帆风顺，有时候，命运会拿走我们生命中的一些东西，对于这些失去的，人们可能无数次地反思自己，认为是自己做得不够好。其实，失去了就失去了，消失总有消失的理由，你去追究一个结果，不过是在浪费时间，不如去看看失去为自己带来了什么，反而更有意义。就像老人所说的那样，漏掉的半桶水不是失去，而是赋予更多生命生长的滋养。

月亮的残缺并没有影响到它的皎洁，人生的遗憾也遮掩不住它的美丽。不要再让担忧与焦虑消耗我们的精力，心态的调整只是一念之间。安然于得失，简明的心性、宽广的胸襟便自然豁达、明媚。

6. 生活没有绝对的公平

假如生活欺骗了你，不要忧郁，不要愤慨；相信吧，快乐的日子将会到来。

每一个人都期盼着公平，但是绝对的公平是不存在的。遭遇生活的不公平时，很多人无法适应，怨天尤人，整天活在忧郁之中。

试想，如果你大学毕业后被分在基层工作，你一边愤愤不平，一边敷衍着工作，那么你会有被升职的机会吗？恐怕没有，因为领导会认为你连最简单的事情都做不好，根本不会有责任心和能力去做更重要的工作。

我们不必对此耿耿于怀，应该温和宽容、平心静气，以忍灭嗔，不要被不公平所牵绊，应思考如何更好地适应生活的不公平。正如比尔·盖茨所说："生活是不公平的，你要去适应它。"

蔡琰来自山区的一个贫穷农村，毕业后到一家大型企业做保安。最初，蔡琰感觉自己的工作不太受尊重，他一度很不服气："命运为什么这么不公平？凭什么那些白领们在干净优雅的办公室里办公，而我却要在风里雨里站岗？"不过，很快他调整了自己的心态，决心努力缩小与这些人的差距，之后他利用所有的闲暇时间来充实自己，他利用休息时间攻读英语、经济管理、社会心理等课程。由于什么都是从头学起，蔡琰学得很拼命，就算是坐火车回老家时他也拿着书在看。有时，看到周围的同事业余时间在看电视、打篮球，他心里也很痒痒，但他还是咬牙坚持学下去。

就这样，"蛰伏"了近三年，蔡琰通过成人高考考上了某知名师范学院的经管系，他一边工作，一边学习。通过几年的认真学习和实践锻炼，他的个人能力得到了提高，并以全班第一的优秀成绩毕业。一毕业，他就被一家大型企业录用了，月薪比保安工作翻了好几倍，如今，他已经是一名真正的企业精英了。

出身贫困，没有高学历，但是蔡琰凭着勤奋与坚持，取得了令人瞩目的成功。不要在公与不公这个问题上多计较，放弃抱怨和愤怒，接受现实，多做一些更有价值的事情，把力气用在发展能量、提高自己上面，早晚有一天，生活会给我们公平的回报。

面对生活的不公平，每个人因自己的修养、意志、胸怀、境界的不同，会有不同的态度，会做出不同的反应。正是这种不同，造就了人与人的不同人生。换句话讲，一个人的生活未来和成长实现，主要取决于他在不公平环境中有怎样的表现。

有这样一种人——他们早已知道，生活中没有绝对的公平。当不公平出现的时候，他们不愤怒，不抱怨，也不惊慌失措，而是把它当作人生必修之课、必做之题去演算。

莎士比亚在很小的时候有机会接触到了剧团演出，他好奇一个小小的舞台竟能演出一幕幕变幻无穷的戏剧来，便暗下决心：要终身从事戏剧事业，当个戏剧家。但是，当时在英国从事戏剧工作是一个高级的职业，活跃着一批受过高等教育，而且在戏剧方面有些成绩的职业剧作家，他们垄断了剧坛，根本不许普通人涉足。

为了更加接近戏剧事业，莎士比亚主动到戏院做马夫，专门等候在戏院门口伺候那些看戏的绅士。待表演开始后，他就从门缝或小洞里窥看戏台上的演出，边看边细心琢磨剧情和角色。回到家后，他时常模仿戏台上人物和戏剧情节，有声有色地演戏，他还发奋地查阅文学、历史等方面的书籍，自修希腊文和拉丁文，掌握了许多戏剧知识。

终于，莎士比亚等到了一个上台表演的机会。有一次，剧团需要临时演员，莎士比亚"近水楼台先得月"，得到一个上台机会。由于出色的理解力和精湛的演技，他的表演得到了大家的肯定，不久就被剧团吸收为正式演员。之后，莎士比亚大量阅读各种书籍，了解了各国的历史和人民的生活百态。27岁那年，他写了历史剧《亨利六世》三部曲，正式进入了伦敦戏剧界。1595年，他又写了《罗密欧与朱丽叶》，剧本上演后，莎士比亚名震伦敦，成为英国戏剧界大师级人物。

面对周围不尽如人意的环境，莎士比亚并没有整天抱怨人生的不公平，而是从戏院最底层的马夫做起，努力学习戏剧知识，最终将现实中令人不满意的成分降到了最低限度，成为一名闻名海内外的戏剧家。

认同这个世界的不公平，接受处于下风的自己，你才可能真正地改变。若是连正视自己的勇气都没有，你又怎么有胆量去拼搏？失败的人往往输在勇气上，认为自己不行，却又没有胆量去承认，所以当别人否定自己的时候，一味地辩驳，却没有什么实际行动。既然已经如此，就应当适应当下的环境，看清自己，然后才有机会去改变自己的处境。

普希金有一首短诗《假如生活欺骗了你》："假如生活欺骗了你，不要忧郁，不要愤慨；不公平时，暂且忍耐。相信吧，快乐的日子将会到来。"不要奢望自己成为上帝的宠儿，假如生活欺骗了你，给了你诸多不愿接受的现实，那么请接受普希金的忠告吧，不要忧郁，也不要愤慨，相信快乐的日子总会到来。

7. 再苦也要笑一笑

眼前的幸福都是过去的苦难换来的，不经历失去，就不可能拥有。

为什么有人会觉得生活很苦闷？那是因为他太将受苦当一回事了，也就是说，太看重苦闷这种状态带给自己的影响了。人们常说苦乐人生，人生中的苦难原本就无法避免，在遭遇到苦楚的时候，要学会用笑容去化解。

有一位商人由于经营不善欠下了一大笔的债务，在得知他没有偿还能力的情况下，债权人纷纷前来讨债。巨大的压力之下，他的神经已经到了接近崩溃的边缘。无奈之下，他萌发了要结束自己生命的念头。

这时，苦闷至极的他想到了大学时期的一个哥们儿。他们曾经相当要好，只是随着他在社会上不断打拼，与朋友们的联系也变得越来越少了，只是得知他在一个很偏僻的地方经营着一家小农场。

于是他历经辗转找到了那个农场。当时，正值盛夏时节，农场里种植了一大片西瓜。朋友见他到来自然是十分高兴，热情地摘了几个西瓜请他尽情品尝。

　　商人吃过西瓜后对西瓜的味道赞叹不已,就顺口说了一句:"种这些西瓜应该很容易吧。"朋友笑着说:"4月播种,5月锄草,6月除虫,7月守护……有一年,就在收获前,一场冰雹来袭,打碎了我的丰收梦;还有一年,正当西瓜花大量盛开的时候,一场洪水让这一切都泡汤了……"

　　商人听完后,联想到自己的遭遇,不由得感慨了一声:"真不容易呀!"朋友笑着回答:"其实,和老天爷打交道,吃一些苦头是再正常不过的事情。不经过风雨的西瓜,味道永远不是最甜的。"

　　商人若有所悟,一直紧锁的眉头也舒展开来。回到城市,他咬紧牙关,将这次的不顺和困苦当作人生的一场考验,重新崛起,最终成为了一家现代化企业的老板。

　　苦是人生的一种自然形态,有苦才能衬托出甜的美妙。不过这并非所有人都能领悟得到的。有人习惯于将自己的苦难当作自己的不幸,四处跟人诉苦,日子越过越糟,心里越来越苦闷。

　　受了伤就赶紧上药,想办法愈合,下次引以为戒,这次受伤也算有价值,总是在伤痛中辗转,却不想着改变,这样的心态又怎么对得起自己受过的苦难呢?

　　莎士比亚说:"聪明人永远不会坐在那里为他们的损失而哀叹,却情愿去寻找办法来弥补他们的损失。"

　　蒲松龄19岁那年初应童子试,最终以第一名的成绩考中了秀才。他的文章深受当时的山东学政愚山先生的赏识。

　　但是没过多久,蒲松龄兄弟三个就分家了,而分家分得又不是很公平,他的两个嫂嫂能打又能抢,而蒲松龄的妻子刘氏非常的贤惠。在无奈之下，蒲松龄开始了自己长达45年之久的私塾教书生涯，而这种生活只能补贴自己的一些开销。到了30岁以后，因为父亲去世了，蒲松龄还要赡养他的老母。他穷到什么程度呢？"家徒四壁妇愁贫。"

在这种苦闷的日子中，蒲松龄并没有唉声叹气，而是选择了另外一条可以缓解自己压力、展示自己文学才华的道路，那就是写鬼怪小说，这就是我们熟知的《聊斋志异》。据说，蒲松龄为了写《聊斋志异》，在他的家乡柳泉旁边摆茶摊，请过路人讲奇异的故事，听完了回家加工，就成了《聊斋志异》。

眼前的幸福都是过去的苦难换来的，不经历失去，就不可能拥有。蒲松龄正是这样，他虽然得人赏识，却没能改变自己的生活，苦难一样降临到了他的头上，可是他并未就此放弃，而是选择勇敢地面对，经过几十年苦难的历练，最终成就了一番事业。

一位作家曾经说过："命运总是喜欢让伟人的生活披上悲剧外衣，并且在他们前进的道路上设置重重障碍，以便让他们在追求真理的征途中锻炼得更加坚强。命运戏弄着这些伟大人物，但这是大有裨益的戏弄，因为艰苦的考验总会带来好处。"

人生总会有苦痛，苦痛终究无法避免。当各种各样的挫折接踵而至的时候，当遭遇到别人冷言冷语伤害的时候，你有两种心态可以选择，一种是用眼泪来发泄内心的苦痛，另一种就是勇敢笑对苦痛，让自己的内心更加坚强。

坚强不是口号，而是自己树立在心里的标杆。磨难既然降临到自己身上，就要将这种苦痛当作自己成功的垫脚石，这才对得起努力拼搏的自己。

每个人都是自己命运的主人，在一切顺利的时候可能体会得还不那么深刻，但是一旦遭遇到不顺甚至是打击，才能体会到乐观心态的重要作用。相信上帝，不如相信自己；相信意外的机遇，不如勇敢一点，坚强一点，笑对苦痛，让自己的内心慢慢变得强大起来。

当一个人的内心变得足够强大时，内心的焦虑和不安自然也就会消失，这样的人，注定会成就一番属于自己的事业。内心强大是慢慢磨炼出来的。有一句话说："摔一次，站起来。再摔一次，再站起来。摔了若干次，就爬起来若干次。"强者就是这样练成的。

8. 好心情就是好天气

你无法改变天气，但可以改变自己的心情。

在人生的道路上，每个人的经历和境遇都是不一样的，有幸运的，也有不幸的。消极的人总是从绝望的角度来看问题，而那些积极的人凡事多从好的角度来看待，积极行动，结果自己的人生绚丽多彩起来，为成功做好了铺垫。

凡事多往好处想，心自然会豁然开朗，心胸也将变得豁达、宽阔。时常发现和体悟生活中的美好，心中便是一片朗朗晴空；遇到问题时，换个角度看待，许多难题也都能迎刃而解。

在这世界上，很多事情本身并无所谓好坏，全在于你怎么看。常怀有希望，保持乐观的心态，凡事多往好处想，你会发现事情远远没有想象的那么糟糕，表面看似不幸的生活也可以拥有一片艳阳天。

俄国作家契诃夫曾经写过一篇题为《生活是美好的》的文章，其中有这样一段话:"要是火柴在你的衣袋里燃烧起来了,那你应当高兴,而且要感谢上苍,多亏你的衣袋不是火药库。要是有穷亲戚到别墅来找你,你不要脸色发白,而要喜洋洋地叫道:挺好,幸亏来的不是警察……"

从这样的角度去想,那些小小的烦恼就不值一提了。

生活中很多事情都是这样,与其绝望悲哀、愁苦抱怨,倒不如换个角度,凡事多往好处想,心情自然也就会跟着转变,还可以将不幸造成的损失或不良后果降到最低,甚至有可能影响事物发展的方向,改变自己的不利处境。

一家有两个儿子,虽是孪生兄弟性情,二人却大相径庭。哥哥对任何事物总是很乐观,弟弟却常常流露出悲观消极的样子。爸爸想中和一下他们的差异,于是把两个儿子分别关进两间屋子。这位爸爸给了小儿子一堆五颜六色的玩具,给了大儿子一堆牛粪。

过了一会儿,爸爸打开小儿子的房门,看到小儿子并没有玩那些新颖的玩具,而是泪流满面地坐在地上。爸爸问他原因,小儿子抹着眼泪告诉爸爸:玩具太好了,但是它们会被玩坏的,玩坏了怎么办?

爸爸又去打开大儿子的房门,发现他正在牛粪堆里挖洞,于是问他在做什么,大儿子顾不上擦去脸上的汗水,一边挖一边满怀信心地笑着告诉爸爸:我想知道玩具是不是藏在牛粪里……

从两兄弟的故事可以看出,不同的心态决定了人们看待问题的角度,而看问题的角度则决定了人们在面对人生境遇时所体会到的幸福或痛苦。生活中也是这样,我们都希望自己的人生是那个放满了玩具的房间,可是有时候命运偏偏将我们关进只有牛粪的房间;我们不能选择自己人生的境遇,但我们却可以选择看待人生的角度,是守着玩具依然哭泣，还是即使面对牛粪依然乐观。

乐观是一种处世态度，更是一种勇气。在阳光明媚的天气中感受温暖不是难事，但在风雨中，就能看出人与人的差别了。悲观的人想的是天气的寒冷，乐观的人会期待风雨过后的彩虹。

小张和小李是大学同学。大学毕业以后，两人应聘到了同一家公司上班，担任同样的职位。这是一份最基层的工作。没做多久，小张就开始抱怨：工作太累，工资太低……他准备要跳槽，问小李愿不愿意走。

小李却觉得，这份工作虽然内容非常枯燥，但是可以学到东西；此外公司规模很大，未来发展的前景很乐观，自己发展的空间也会很大；而虽然目前来说工资确实有点低，但是在这里工作有无限机遇，以后自己学得多了能够担当起更重要的工作时，工资自然会涨的。

于是小李就将这些想法与小张一起分享，但小张一句都听不进去，还是执意要跳槽。他觉得自己在这家公司做得十分没有激情，不明白为什么小李能够把一份如此枯燥乏味工资又不高的工作想得那么美好。摇摇头，小张就走了。

小张这一走就没有收住脚步，到了哪家公司他都是一样，还没做多久就开始嫌这嫌那，结果两年下来他虽然换了几家公司，但所担任的职位却还是在原地踏步，拿着应届毕业生的工资，做着最初级的工作，没有积累下一点工作经验，每天牢骚满腹，小李这时候已经在第一家公司做到了部门主管的位置。当初对同样一份工作的不同看法，决定了他们不同的事业之路。

现实生活中，也许你就是小张，也许你就是小李。面对同样的工作，小张看到的是坏的一面，结果沉溺在埋怨和不满中，无法取得进步；小李看到的却是好的一面，抱着这样的心态努力，最终改变了自己的境况。在我们的生活中，不管面对多么糟糕的情况，只要将心态调整好，事情自然会朝着好的那个方向转换。

就算人生路上有很多坎坷荆棘，但这都只是暂时的，不过是人生的长河中一处小小的浅滩，我们会在那里稍微停留一下，但不会久居，我们的目标永远是那无垠的大海。

在电影《监狱风云》中，名叫亨利的男子是一个笑口常开的人，没有任何事情能够破坏他的心情，没有人能以任何方式夺走他的快乐。当亨利被误判入狱时，所有狱官都看他不顺眼，常常找他麻烦。

有一次，狱官用手铐将亨利吊起来，这是一种令人非常痛苦的虐待方式。但是，亨利却没有大喊冤枉，也没有义愤难平，而是笑着对狱官说："你们对我太好了，谢谢你们治好了我的背痛。"

之后，狱官又将亨利关进一个因日晒而高温的锡箱中，本以为这样的折磨一定会让亨利痛苦求饶。可是，当他们放亨利出来时，亨利竟然还能在脸上露出笑容，说道："喔，拜托再让我待一天，我正开始觉得有趣呢。"

最后，狱官将亨利和一位重三百磅的杀人犯古斯博士一同关进一间小密室中。古斯博士心情抑郁，他的凶恶在狱中十分有名，然而，令人惊讶的是，亨利居然和古斯博士谈笑风生，还无比快乐地玩起了纸牌。

世界上没有绝对的坏事，事情的好坏往往只是由我们的心态所决定，自己的快乐掌握在自己手里。亨利只不过是选择了从好的角度来看待自己的处境，以快乐作为自己的守护神，而没有让自己的情绪受外在因素影响。当遭遇悲伤的事情时，我们不妨及时转换心态，进而拥有阳光般的明媚心情。

记住，晴天或者阴天，以及所有像天气一样的外界因素都无法左右我们的心情，真正的快乐或痛苦取决于我们自己的看法。无论在任何时候，只要你选择以好的心态来面对事情，事情就会向你展示出它美好的一面。

/ 第九章 /

世界这么大,你要做自己

每个人心中都有一首歌,即便没有掌声,我们也能歌唱,只是为了取悦自己。人生的绽放,本来就不是给别人看的,只是为了让自己闻到芬芳。

1. 做自己命运的主人

只有自我拯救才能获得别人更多的帮助，才能使眼前出现"生"的奇迹。

在人生的路途上，我们谁也无法预知未来可能出现的各种挫折，一旦挫折袭击到了我们的头上，我们是否有勇气进行自我拯救，大胆地走出逆境中的泥泞呢？

我们只有不断超越自我、挑战自我，才能逐渐增强我们的意志力，成为自己真正的主人。

那么，我们该如何完成自我拯救呢？

首先，我们要始终保持乐观而自信的积极心态，坚持一种自强自立的精神，机遇一旦来临，我们就要牢牢地把握住，坚持不懈地进行到底。

其次，还要为自己确立正确的目标，从内心中明确出自己想要走的方向。

我们不能将自己套在一个固定的框架内，要不断地自我激励，从而突破自己，让自己上升到一个新的高度。与此同时，还要让自己的思维更新换代，因为创新是使脚下的路得以活力四射的牢固基石。

从实际生活和工作中，有的人之所以能活得精彩，是因为他们自信满满地行走在幽雅小径之上，不仅找准了自己的目标和位置，而且还延伸了自己的理想和主宰命运的能力；有的人最终却让自己陷入了"死胡同"，这是因为他们的消极心态驱使他们潜入阴暗的角落里，这样一来，他们根本就找不到前行的路。

人只有真正成为自己的主人，才能领悟到人生的真谛，创造出灿烂辉煌的业绩。当然，这条路并不是一帆风顺的，在行进的过程中，也许我们的内心会挣扎、会疼痛，但是，不经一番寒彻骨，哪来梅花扑鼻香？

人生在世，就要以一种博大的胸怀坦荡地活着，在烦恼压身的时候，不要自己为难自己，而要学着做自己的主人，遇到困境和麻烦靠自己拯救自己。这样我们才算真正地活出了自己，展现在我们面前的，才会是另一个世界的美好。因为我们的心灵找到了一个正确的出口，获得一种久远的宁静和快乐。

2. 活着，是为了取悦自己

只有取悦自己，才能更好地肯定自己。

从前，有一位很有名气的诗人，他一直为一件事苦恼：他还有相当一部分诗作没有发表出来，并且，也没有得到别人的欣赏。

苦恼之际，这位诗人找到了他的朋友。这天，诗人向朋友说了自己的苦恼。朋友听后淡然一笑，手指着一株茂盛的植物说："你看，那是什么花？"诗人看后回答说："夜来香。"朋友说："没错，是夜来香，它仅在夜晚开放，那么，你知道这种植物为何仅在夜晚开花、散发香味吗？"诗人看了看朋友，表示自己不知道何故。

朋友告诉他说："夜晚开花，并无人注意，它开花，不是为了取悦别人，而只是为了取悦自己！"诗人听后感到很惊讶："取悦自己？"朋友笑道："凡是选择在白天开花的植物，都是为了引人注目，得到他人的赞赏；夜来香恰恰相反，它在没人欣赏时开放自己、芳香自己，它这样做只是为了让自己快乐。一个人，难道还不如一株夜来香吗？"

朋友看了一眼诗人，接着说："有不少人，总是让别人掌握着自己快乐的钥匙，自己所做的一切，都是在做给别人看，让别人来赞赏，好像不这样做自己就快乐不起来。实际上，在不少时候，我们做事的目的应该为自己。"诗人笑着说："我懂了。一个人，不是活给别人看的，应该为自己好好活着，度过自己有意义的人生。"

朋友点了点头，又说："一个人，只有取悦自己，才能把握好自己；只有取悦自己，才能有效地提升自己；只有取悦自己，才能使自己好的一面感染到别人。要知道，夜来香夜晚开放，可是会有不少人是闻着它扑鼻的芳香入睡的啊。"

我们每个人只有取悦自己，才能将美好的感觉传递给他人；只有取悦自己，才能将自己提升至一个应有的高度；只有取悦自己，才能更好地肯定自己。在实实在在的社会生活和工作中，取悦自己就是一种凝固剂，能让乐观自信的心态长久地保持下去，从而使我们勇敢坦然地面对未来要走的路。

曾经有这样一则调查，某公司的所有男士要对公司里的所有女士进行评议，并指出最吸引自己的女士名字，结果表明，凡是被点到名字的女士们，要么有良好的气质，要么善解人意，要么富有生活情趣，要么个性不凡。实际上，她们以自己的优势取悦他人之前，自身一定是被自己取悦着的，通常，这些人将来建立起来的家庭也都是幸福而快乐的。

其实，对于我们每个人而言，内心的一种愿景是——"海浪轻逐，春暖花开"，在这美丽的"画卷"之上，有恬淡自然，也有惬意芳香。如果我们先站在不可调和的事物面前，再去观照自己的内心，便会猛然明白自己接下来的选择——取悦自己要比取悦他人更为智慧。

女作家吴淡如曾经说过这样一句话："每个人心中都有一首歌，即便没有掌声，我们也能歌唱，也能取悦自己。"实际生活中，在面对林林总总的大小事务时，真正能做到不去刻意谋求利益，不在乎物质的多少，真正听从自己内心的人又有多少呢？

所以说，我们要活出自己，用自己认为快乐的生活方式，将生活打造得无比斑斓，不管是当下还是未来，每分每秒都要记得为自己而活着，无须取悦他人，因为任何东西都无法替代"取悦自己"带来的那种快乐和幸福。

3. 给自己一个承诺

给自己一个坚实的承诺，它能给我们每个人带来不少期盼，同时还会激励我们向前。

一天，大家得知一则消息——北京饭店要公开招人。其中，有个年轻人名叫段云松，他得到了一个宝贵的面试机会，后来他成为饭店的一名行李员。

一次，香港首富李嘉诚下榻北京饭店，段云松负责给他提行李。为李嘉诚的入住，饭店特意举行了欢迎仪式，在众多人簇拥之下，李嘉诚的步伐越走越快，而段云松同时拎着两个重箱子，气喘吁吁，最后将箱子送到了李嘉诚的房间，随从人员随手递给了段云松几元钱作为小费。

实际上，段云松作为行李员，为客人拎包，他不仅没有自卑感，而且还有自豪感，但更多的是受到了激励。他心想："我进北京饭店就是想看看，到底是什么样身份的人才能住如此高级的饭店，为何他们可以，我就不可以呢？"李嘉诚等成功人士的气质和风度，将段云松深深吸引住了，他从此也经常告诉自己说："我一定要成功！"

没过多久，饭店住进了一个旅行团，段云松和一个同事一起为其搬运行李，两人都累坏了。后来，两个人跑到了饭店的楼顶去聊天，望着人山人海的王府井大街，段云松突然说道："将来，这里会有我的一辆车，会有我的一套房。"他的同事听后，不免嘲笑了段云松一番。

没过多久，段云松毅然辞掉了饭店的这份工作，四处寻找商业机会。很快，段云松在长安街民族饭店对面承包了一家小饭馆，一年时间过去了，他净赚了十万多元。

紧接着，他又包下了一个场地搞餐饮，在院内找了个合适的位置养了几只大鹅，又设法找来了篱笆、牛缰绳、辘轳、风车、风箱等物，另外，还找人专门砌了口柴火灶。忆苦思甜大杂院开张营业没多久，来这里吃饭的人便络绎不绝。段云松每天的营业额就超过了一万元，三年时间过后，他净赚了一千多万元。

过了一段时间，段云松开始厌烦餐厅里喧闹、嘈杂为主色调的日子，心想："除了这些，我还能做什么呢？"

到了1994年末，段云松竟然又开起了茶馆，最初的时候，生意很冷清，但段云松告诉自己说："不用怕，迟早会挺过去的！"后来段云松终于等到了茶艺市场的启动，那一年是1997年。

接下来，段云松马不停蹄地又建起了第一家茶艺表演培训班，代培茶艺小姐，批发茶叶茶具，为开茶艺店者提供各种各样的服务，与此同时，还筹建了北京第一所茶艺学校……

有一次，段云松诙谐地说，一天，他去北京饭店办事，令他万万没有想到的是，前来为他提行李的人，竟然是十年前嘲笑他的那位同事。

其实，每个人身上都蕴藏着天赋，它会像金子一般为自己平淡的生活平添几分美丽，而那些总觉得自己一无是处的人却永远看不到自己的闪光点。无论所处的环境是怎样的，我们都要试着给自己一个承诺，然后为了它努力奋斗，迟早有一天，命运会向你绽露微笑的脸庞，从此你的生活也会发生翻天覆地的变化。

要学会给自己承诺，就要让他人感受到自己的独特，就要阻止任何烦恼的事来骚扰自己的内心，就要时时刻刻看到事情光明的一面，就要乐观积极地为自己尽力去争取，就要用自己的坚强挑战生命中的每一个艰难时刻，就要不怨不怒、无所畏惧地迈开前行的步伐，就要以宽广的胸怀主动去拥抱未来。

在现实生活和工作中，我们每个人都应给自己一个承诺，它可以时刻鞭策我们成长，时刻激励我们前行，只要辛勤地给它阳光、空气和水，将来会有一天，这颗梦想的种子会生根、发芽、开花、结果！总之，给自己一个有力的承诺吧，这比什么都重要！

4. 坚持走自己的路

找到自己的路，坚定地走下去，不要退缩。

在很多时候，我们总是习惯于去重复别人走过的老路，对自己决定要走的路总是会轻易放弃，结果，自己的人生失去了很多的光彩，显然，这样的人早已失去了自我，却又浑然不觉。而有些人，他们始终相信自己，坚定地走自己的路，最终为自己的人生迎来转机。

有一些人喜欢抄近路，一旦感觉一条路走不通的时候，就会立即换另外的一条路，当发现又走得不是很顺畅的时候，又要换另外的一条路，就这样，换来换去，始终未能做好一件事，还白白地浪费了自己一生的时间。

爱默生在百老汇的社会图书馆里做了一次演讲，激励了当时年轻的诗人惠特曼："谁说我们美国没有自己的诗篇呢？我们的诗人文豪就在这儿呢！……"

就这样，爱默生一番振奋人心的话，让惠特曼深受激动，使他内心升腾起非常坚定的信念，他要到不同的领域、不同的阶层去体验生活，从而创造出新的不凡的诗篇。

1855年，惠特曼的《草叶集》终于问世了，该诗集的基调是"热情奔放"，采取新颖的形式，将民主思想和对种族、民族及社会压迫的强烈抗议深刻地表达了出来，甚至还影响到了美国和欧洲诗歌的发展。

爱默生在看到《草叶集》出版以后，也是激动不已，称这些诗是"属于美国的诗"、"是奇妙的"、"有着无法形容的魔力"、"有可怕的眼睛和水牛的精神",并且还高度评价了惠特曼。

但是,《草叶集》在当时却不被大众所接受,这是由于该诗集的写法是新颖的,格式不押韵,思想内容也独特。然而,在爱默生的赞扬下,此书还是很畅销,因此,惠特曼自己的信心和勇气也因此增强了许多。到了1856年年末,他重印了第二版,并且,还将20首新诗也补充了进去。

1860年,惠特曼决定印行《草叶集》的第三版,就在他决定将新作补充进去的时候,爱默生竭力劝阻他将其中几首刻画"性"的诗歌取消,如若不然,此书将不会畅销,但是,惠特曼却对此并不认同:"那么,删后还会是这么好的书吗?"爱默生立即反驳他说:"我没说'还'是本好书,我说删了就是本好书!"

然而,惠特曼始终不肯让步,他坚定地说道:"我想,我的意念是不服从任何的束缚,而是要坚定地走自己的路。我是不会删改《草叶集》的,那么,就任由它自己枯萎或繁荣吧!"

不久后,惠特曼印行的第三版《草叶集》竟然非常畅销,也由此获得了很大成功,很快,这本诗集就传遍了世界各地。

这正如爱默生后来说的一句话:"偏见常常扼杀很有希望的幼苗。看来,只要看准了,就要充满自信,敢于坚持走自己的路。"

是啊,如果惠特曼当初没有坚持自己的信念,也许第三版的《草叶集》就不会获得成功。总之,现代社会中的我们,一定也要有惠特曼的那种坚定信念,相信自己,只要看准了脚下的路,就一定要坚定地走下去,不要回头,不要退缩。

也许有人不知道,美国著名电台广播员莎莉·拉菲尔在她30年职业生涯中，曾经被辞退的次数竟然高达18次，但是，她每次都放眼最高处，将自己的目标变得更远大，仍然坚持走自己选择的路。

在最开始的时候，美国大部分的无线电台总觉得女性无法很好地吸引听众，所以，没有一家电台肯给她这个机会。后来，她好不容易在纽约的一家电台谋求到了一份差事，但是很快就被辞退了，理由很简单，说她跟不上时代。

而此时的莎莉，并没有因为这些厄运而丧失信心，每次失败以后，她都会总结一下其中得来的教训，后来，她又向美国国家广播公司电台推销她的清谈节目构想。电台勉强答应了雇用她，但是，却只允许她主持政治类节目。"我对政治所知不多，恐怕很难成功。"她也一度犹豫，然而，最终她决定尝试一下。

其实，此时的她对主持广播早已经是轻车熟路了，所以，她便凭借自己的优势和平易近人的作风，大谈即将到来的7月4日国庆节对她而言有什么意义，并且，还专门请听众通过电话的形式来畅谈各自的感受。节目开播后，听众们立即对这个节目产生了兴趣，她也因此一举成名。

现在的莎莉·拉菲尔已经成为自办电视节目的主持人，还曾经两度获得重要的主持人奖项。她也曾不无感慨地说："我曾经被人辞退过18次，很多人以为我会被这些厄运吓退，做不成我想做的事情，但是，正好相反，我却将它们当成了用来鞭策我前进的动力。"

可以说，莎莉·拉菲尔是一个始终都相信自己，坚持走自己的路的人，她并没有因为之前曾被辞退18次而对自己产生怀疑，恰好相反，她的勇气和信心因此都被激发了出来，后来，在经历过多次的失败以后，她获得了机会，并且把握住了机会，最终成了著名的节目主持人。

其实，我们每个人要选择一条路并不难，难就难在我们会在开始放弃，或者在中途放弃，总之，走自己的路不是一件容易的事情，这需要我们有毅力，需要我们有勇气，需要我们去坚持。如果我们离成功的终点仅有咫尺之远时，但我们却放弃了，那我们最终也是失败的。所以，只要认定了某一条路，就不要停下自己的脚步，而是要一步一步地走下去。

当然，在坚定地走自己的路的同时，一定要相信自己，并且，还要经得住打击，耐得住寂寞，不管遇到什么样的困境，都要坚持住，不放弃。总之，要想绚烂自己的人生，就必须有坚持不懈的韧劲和决心，除此之外，还要相信自己的选择是正确的，坚定地走自己的路，这样才能获得成功的珍贵果实。

5. 方向对了，就不怕路远

只要坚持努力的方向，最终就会成功。

只有找准了自己合适的位置，才能让自己这块金子发光发热，但是在事情没有到来之前，任谁也无法预知哪个位置是"专门"为自己而留的。也就是说，找到那个真正属于自己的位置，并没有我们想象中的那样简单。

有一天，汤姆森所在高中学校的校长找到了他的妈妈："我认为，你的儿子可能不适合读书，因为他不具备深层次的理解能力，甚至还赶不上比他年龄小不少的孩子们。"汤姆森的妈妈听完校长的话，很难过，也很无奈，她不得不把儿子领回了家。

一次，汤姆森的妈妈领着儿子上街购物，当他们路过一家正在装修的超市时,汤姆森看到有个人正在超市门前雕刻一件艺术品,这一下子就激起了他的兴趣,于是他凑上前去,在旁边仔细地看着。

从那一天开始,汤姆森的妈妈就注意到,儿子只要看到什么材料,包括木头、石头等,就必然会先琢磨一番,然后再认真地打磨和塑造它,直到雕刻到自己满意为止。对此,妈妈也显得很焦急,因为她很担心儿子这样玩物丧志而耽误了学业。

令汤姆森的妈妈失望的是,儿子最终还是不爱学习,当然也就没能考入大学。此时,在妈妈眼里,汤姆森彻底地失败了,但是,在难过的同时,汤姆森还是决定远走他乡去开创自己想要的一番事业。

很多年过去了,汤姆森通过自己艰辛的努力,终于成为一位著名的雕刻大师,此时,他的妈妈也终于明白了:"我的儿子也很聪明,只是当年我没有认识到,有一个位置是'专门'为他而留的。"

汤姆森的亲身经历说明了这样一个道理:现实中有太多的成功,都源于找准了适合自己发展的位置。在不少的失败案例中,不是当事者努力不够,而是他们从来没有考虑过"究竟是否适合自己"等一系列的问题。

我们每个人都受到过类似的教育和训导:只要坚持努力的方向,最终就会成功,然而,往往结果却是将失败收入了囊中。其实,汗水也洒过了,辛勤也付出了,努力也坚持了,殊不知,导致最终失败的结果,其根源在于我们选错了方向,也找错了位置。

有人曾经说过:"一个人应该知道自己希望做什么,应该做什么,必须做什么。"在漫漫人生之路上,只有相信有一个位置是"专门"为自己而留,才能找到它,只有找到它,才能确立自己的发展方向。总之,要知道自己的特色在哪里,自己应该坚持什么,什么样的环境更适合自己成长;否则,若始终未找到合适的位置,那么成功也就只能成为一种奢求。

6. 要驾驭生命，不要让生命驾驭你

人生难免会遇到困境，而困境从来不会将我们限制住，

往往是我们把自己限于困境之下。

在这个世界上，有些人因家庭不幸、缺失钱财、学业不成而抱怨老天没有赐予自己好命运。在这种情境下，有的人笃信命运是天生注定、无法改变的，所以索性维持现状，不去努力争取；有的人却坚信命运是靠自己经营出来的，所以就敢于打破现状，主动把握。

如果只是安于现状，不去主动加以改变，就算是拥有再多，自己依然会是老样子；反之，如果敢于面对命运说"不"字，敢于向命运发起挑战，最终会有美好的希望和未来。

有一个孩子，他很小的时候就目睹父母不务正业，父亲整日赌博，母亲成天喝酒。父亲一旦赌输了，打完母亲再打儿子；母亲一旦喝醉了，也同样是拿儿子出气。

就这样，这个小孩在父母的拳打脚踢中度过了自己的童年和少年时期，直到他长大后，还时不时地被打得鼻青脸肿、伤痕累累。

在高中的时候，他就辍学了，从此过上了小混混的生活。其间，他感到十分无聊，而那些绅士淑女蔑视的眼光更加刺痛他的内心。

于是，他开始扪心自问："难道我一辈子都要过这样的日子吗？那样，我

岂不是成了社会的垃圾,甚至会使他人也痛苦不堪。我要不要改变自己呢?"

经过反复追问后,他下定决心要走一条与父母不一样的路。接下来,他开始思考这个问题:"自己应该做些什么呢?如果从政,自己只有零的可能性;如果进大公司去发展,自己又没有学历与文凭;如果经商,自己又没有本钱……"

最终,他打算去当演员,因为这个行业不仅不需要学历,而且也不需要资本。但是,他又想到了自己的相貌一般,又没有表演天赋,再加上没有接受过专门的训练,想到此,他顿时自卑起来。然而,既然决心已下,他便愿意吃所有的苦。

接下来,他开始走上了"演员"之路。他来到了好莱坞,找到某剧组,恳求大家:"给我一个机会吧,我一定会演好的!"但不幸的是,他都被断然拒绝了。

可是他并未因此失去信心,他开始不断地反省、检讨、学习,同时也在寻找各种机会。后来,他不得不去好莱坞打工,干些粗重的零活儿以维持生计。在两年时间里,他遭受到的拒绝高达1000多次。

在经历过重重打击之后,他依然保持自己要继续努力的决心!他心里默默地想:"既然直接做个演员的道路如此艰难,那么我为何不换一种方法尝试一下呢?"于是,他决定试着写剧本,待剧本被导演看中后,再提出想当演员的要求。

又过了一年时间,他终于写出了自己的剧本,他拿着剧本遍访各位导演:"这个剧本怎么样?让我当主演吧!"有的导演看后,觉得剧本内容还可以过关,但是,由他来当主演,这未免太荒唐,于是毫不客气地将其拒之门外。

而他依然忘不了给自己打气:"不要紧,也许下一次就行,再争取一次……"在他遭到第一千三百多次拒绝的时候,有位导演将他叫到身边，说："我不敢断定你是否能演好，但是我被你的精神彻底感动了，我可以给你一个机会。我会将你的剧本改成电视连续剧。这样吧，我计划试拍一集，让你来演主角，看看效果后，我再作决定！"

为了得到这个机会，他已经做了三年多的准备，多么宝贵的机会啊！他怎能不全力以赴？可以说，苦苦恳求了三年时间，磨炼了三年时间，学习了三年时间。他这一次，是真的遇上了幸运女神——他的第一集电视剧竟然创下了当时全美国的最高收视纪录，他终于成功了！

如今，他早已成为了世界顶尖的电影巨星。这个人不是别人，正是史泰龙。

史泰龙在刚开始的时候，所处的环境很不利，但是他的斗志从未泯灭过，意志力也从未消沉过，而是选择了和命运抗争，他苦练内功，在时机来临之后，他终于等来了试演的机会。他取得的成功也深刻体现了"命运掌握在自己手里"的硬道理。

一位伟人曾经说过："要么你去驾驭生命，要么就是生命驾驭你。你的心态决定谁是坐骑、谁是骑师。"有心理学方面的专家研究发现，成功者与失败者的根本区别在于成功人士有着"一定要改变自己"的积极心态。

凡是成功者，自始至终的心态是积极乐观的，他们用积累起来的经验支配和控制自己的人生；而失败者则正好相反，其心态一直是消极悲观的，他们用过去的种种挫折和心存的疑虑支配和控制自己的人生。总之，在命运面前不要退缩、不要气馁，要敢于与命运作斗争，如果不去改变自己，整个世界就算变了样也都无济于事，因为自己决定着自己的命运。

人生难免会遇到困境，而困境从来不会将我们限制住，往往是我们把自己限于困境之下。通常，一个人会因一个念头而使生命实现改观，会因一件事而改变命运，也许还会因某种因素让自己的人生有了不同。总而言之，在生命旅程中，我们都要学会拯救自己、肯定自己、改变自己，从而勇敢地征服命运。

7. 耕耘好你的一亩三分地

属于自己的田地，就需要自己专心地耕耘，否则将一无所获。

有一年春天，有位师父将自己的三个弟子叫到跟前，交给他们每个人一片土地和一些种子，对他们叮嘱道："你们三个现在就去种地，如果到了收获的季节，谁的作物长得最不好，谁将会受到一定的惩罚。"

于是，三个弟子均依照师父的吩咐去做了，十几天过去了，大弟子的地里长出了玉米苗，二弟子的地里长出了麦苗，而三弟子的地里看上去却什么都没有，大弟子和二弟子心想："老三怎么如此懒惰，最后他一定会受到惩罚的。"

在他们两个人看来，老三一定会输，于是两人就开始三天两头地偷懒，再也不按时浇水施肥了，地里的庄稼也越来越不像样子。

到了秋季，大弟子地里的玉米穗子一点儿也不饱满，二弟子地里的麦子长得也较差，而三弟子却从地下挖出了很多又大色泽又好的番薯。最后，师父对大弟子和二弟子意味深长地说："种地就像修行，不能一心一意就得不到结果，你们两个明白了吗？"

故事虽然简单，但是哲理深刻：属于自己的田地，就需要自己精心地耕耘，否则将一无所获。如果大弟子和二弟子一心一意地耕耘田地，最终一定也会像三弟子一样，收获累累。但是，这两个人却几乎将所有心思花在了看老三的笑话上，同时也不再严格要求自己，最后成为受罚之人；老三却自始至终、专心致志地耕耘自己的田地，最终得到了师父的认可。

我们来看下面这则小故事：

有一年春天，大家都开始忙碌起来。

猴子想：我相信，有耕耘，必定就有收获。今年我多卖点力气，多种点瓜果，像那些辛勤的农民一样，每天在田里播种、浇水、施肥，收获一定会很丰厚。于是，猴子就种了几亩地的西瓜和桃子，刚开始，猴子每天都去地里劳作，后来，也时常去检查一下。

乌龟刚醒来后，也像猴子那样忙碌起来了。它凭借祖先赛跑冠军的资源优势，顺利地创办了一个"老乌龟赛跑培训中心"，与此同时，还将当年"龟兔赛跑"的老照片作为该训练中心的广告。光是这幅广告，就将很多小动物吸引了过来，后来，动物们也都将自己的孩子送到了乌龟这里接受培训。

与此同时，小蜜蜂们也成群结队地四处飞舞，可以说，它们整天都很忙碌，每天都紧张地进出，采集花粉花蜜，匆忙地将香甜的蜂蜜酿制出来。

我们再来看一看小猴子，它打理了几日西瓜和桃子，便开始荒废时间，又恢复了自己贪玩的本性，结果，它种的瓜果最后无一棵成活。

而乌龟也是新鲜地热闹了很短一段时间，见收效很小，于是很快就放弃了。这样一来，培训中心的学员们不仅没有任何进步，还变得慢慢悠悠，家长们看到孩子们这个样子，愤怒地一纸诉状将乌龟告了，就这样，乌龟一下子就倾家荡产了。

到了秋天收获的季节，老农民的田地里瓜果飘香。与此同时，小蜜蜂们也正拍打着轻快的节拍，唱着动听的歌谣，通过它们的努力，成功构建了一座美丽的宫殿，它们在上面飞来飞去，准备度过一个欢乐的假期。

老农民最终收获到了香甜的瓜果，小蜜蜂最后构建了自己的宫殿，之所以有这样好的结果，是因为老农民和小蜜蜂在自己的"田地"里每天都辛勤地耕耘着、付出着。在春季和秋季的交替之间，收获了自己应该收获的，在完善、提升自己的同时，也使自己生命的社会价值得到了真正的体现。

如果你是一个细心人，你就不难发现，凡是成功者都在自己的"田地"里一心一意、辛勤地耕耘着、付出着，这种坚持不懈地努力，一步一步地"劳作"，久而久之就会成为自己获取成功的一种保证。例如，洛克菲勒、比尔·盖茨等成功人士无一不是如此。

所以，千万不要抱怨自己的"田地"多么狭小，也不要觉得自己过于渺小，只要在正确目标的引领下，专心耕作于属于自己的这块"田地"，再狭小的环境里也能脱颖而出，再不宽阔的"田地"里也会硕果累累，进而让自己摆脱平庸，走向辉煌的成功。

8. 明于选择，智于放弃

"不放弃"并不是教我们抓住一个目标死死地不放手，

而是让我们随时激励自己。

也许在我们生命的历程中，"千万不要放弃"这句话是我们听得最多的一句话。是啊，生活在这个节奏飞快的时代里，大多数人就是凭借这个信念，在岁月的磨砺中，将自己弄得疲惫不堪，甚至不得一刻的休息，其实他们就是为了实现自己的宏伟目标，始终保持着那份永不放弃的坚定信念。

殊不知，有些东西原本就不属于自己，就算是自己真的拼了命，即使有一天得到了，自己的内心就真的会快乐、真的会开心吗？从某种角度上来讲，"不放弃"并不是教我们抓住一个目标死死地不放手，而是让我们随时激励自己。

有时候，我们明智地放弃了，倒也不失为一种快乐。比如，落叶纷飞，是为了明年的春天更加烂漫；溪水流淌，是为了汇入浩渺的海洋；蜡烛选择了燃尽，是为了给人们带去更多的光明，等等。总之，不要觉得永不放弃，我们才会获得最大的快乐。不是自己的，千万不可抓得太紧，因为那样我们就会失去自己应有的快乐。

英国著名首相丘吉尔，小时候是个调皮的孩子，他总是四处乱跑，结果有一次，在玩耍的时候，他不小心落了水，那一次他差点被淹死。

然而，令他家里人感到欣慰的是，就在丘吉尔快要丧命之时，一个名叫弗莱明的农民把他救了起来，还将他送回了家，然后，一个人默默地离开了。

丘吉尔的父亲知道这件事情以后，决定要报答这位恩人，由于他家是贵族，家里有很多钱，所以，他亲自驾着马车，来到了弗莱明家里，特意来表示自己的谢意。

那时，弗莱明正在家里收拾东西，看到自家门前停了一辆豪华马车后，十分惊讶。就在此时，丘吉尔的父亲穿着一身笔挺的西装走下了马车，先是向农夫弗莱明鞠躬，然后对他说："您好，我是昨天被您救起的小孩子的父亲，今日特来感谢您。"

就这样，丘吉尔的父亲一边向儿子的救命恩人道谢，一边将丰厚的酬金递给对方。然而，弗莱明却断然拒绝了，他说道："我不能因此接受您的报酬，因为这是每一个有良心、有尊严的人都一定会做的事情，而我的尊严是没有价格的。"

顿时，弗莱明的一番话让丘吉尔的父亲心生敬意，不由得敬佩起这个中年农民来。不久后，弗莱明的儿子回到家，见到小弗莱明，丘吉尔的父亲突然眼睛一亮，问道："这是您的儿子吗？"弗莱明点点头说："是的！"

看着小弗莱明，丘吉尔的父亲突然想到了一个好办法。他对弗莱明说："弗莱明先生，您看这样可以吗？我们之间不如订这样一个协议吧，我带您的儿子走，让他接受最好的教育，以此来表达我对您的谢意，如何呢？"

弗莱明思考了一会儿，最终接受了丘吉尔父亲的建议。就这样，小弗莱明被带到了丘吉尔的家里，接受了最好的教育，有了很好的工作。青霉素就是他发明的，并且他还因此获得了诺贝尔奖。而他的父亲，老弗莱明，当然也为儿子感到由衷的骄傲和自豪。

实际上，老弗莱明最终给了小弗莱明一次机会，正是因为他放弃了"接受酬金"，才为儿子赢得了机会，从而将儿子的一生都改变了。因为，在老弗莱明的心里，救人是天经地义的，是自己应该做的，而如果接受了别人的酬金，反而内心会感到很不安。

总而言之，对于不是自己的财富、地位等，我们要学着去选择放弃，不是自己的，就要迅速放手，这样一来，可能人生就会带给我们另外一番新的风景。

其实，在我们每个人的人生路上，都布满了荆棘，是否能够安然度过去，有时候，就在于我们能否将不属于自己的东西毅然地放弃掉，唯有如此，我们才能有更好的收获、更好的未来、更多的精彩。如果总是放不下"蝇头小利"，那是愚蠢者的行为，我们要做聪明智慧之人，只有这样，我们才能真正实现自己的人生价值。

/ 第十章 /

拼过痛过，才不枉青春一场

成长，就是让自己坚强，勇敢面对。无论前路是痛苦还是磨难，是狂风还是暴雨，都要学会微笑面对，勇往直前，因为，微笑，是青春最美的妆容。

1. 经历过才懂得什么是幸福

生活就是这样,走过了,试过了,经历过才懂得幸福是什么。

我们的人生当中有欢乐,也有痛苦,这些都是我们一定会有的经历,也是再自然不过的事情。我们不会一直生活在痛苦当中,同样地,我们也不能一直享受快乐。

痛苦需要领悟,只有知道痛苦是什么,只有深入地剖析痛苦,我们才能真正做到释然,做到真正地忘记。同样地,我们还能从中获得宝贵的人生经验,用于以后的生活当中。

一个国王生了一场大病,谁也不知道病因是什么,只知道他整日躲在自己的宫殿里,连朝臣都不愿意见。皇后担心国王,就派人去请万里之外最有名的高僧,希望他能够帮助国王。高僧风尘仆仆地赶到宫殿,他立刻被迎入国王的房间。

国王虽然听说过这位高僧的名声,但也不愿多提自己的病。高僧说:"我听说三个月以前,您在打猎的时候胳膊被划伤,现在您的身体如何了?"

"我的胳膊已经好了。"国王说,"可是上个月,王宫来了一个刺客,又让我受了一回惊吓。您是最有修为的高僧,能不能告诉我,世界上什么地方最安全?我觉得不论在外面,还是在自己的宫殿,没有一个地方是安全的,这让我很害怕。"

"安全的地方只有一个。"高僧说,"但我相信您不愿意去。"

"在哪里?"国王问。

"坟墓里。人只要死了,就不会再有人来危害他,他也不会再感到痛苦。我们用生命中的时间和精力换来保护自己的能力,取得安全和安逸,但也只能取得一部分,唯有用整个生命,才能换来最多的安全。"国王听后若有所思,几天后,他的病不治而愈。

失恋的人是痛苦的,但他得到过爱情,也拥有最美好时刻的回忆;失败的人是痛苦的,但他拥有经验,就有了反败为胜的法宝;失望的人是不幸的,但他们至少经历过,而且也因为失望,更懂得希望与追求的可贵……

痛苦需要我们用心灵和智慧去领悟,唯有直面痛苦,我们才有勇气剖析痛苦,才能理智地总结有意义的经验,客观地审视自己。痛苦来时不要逃避,也不要忽视,当然,也没必要沉浸其中,学会换个角度看待它,它对我们的伤害就会降到最低,我们才能理解一些生命中最本质的东西。比如生病的时候,我们知道了健康的重要;难过的时候,我们知道了朋友的重要;困难的时候,我们知道了亲人的重要……痛苦给我们的最大启示,就是告诉我们什么是幸福。

生活就是这样,走过了,试过了,经历过才懂得什么是幸福。

2. 年轻，在于心态而不在于年龄

不要贪恋眼前的一切，也不要过于执着远方的风景。

每个人都有两个年龄，一个是生理年龄，一个是心理年龄。众所周知，生理年龄相同的人，心理不同年龄气质的差别就会非常明显。想要永葆青春的人，除了生活中的各种身体保养之外，心情的保养必不可少。如何才能给我们的心做些保养呢？

仔细一想就会发现，孩子们和成人最大的区别在哪里呢？无非是心境的不同。孩子们没有什么心事，每天都过得无忧无虑，快快乐乐；而成人们呢？在名利当中沉浮，在物质当中追逐，每天都活在烦扰当中。

很多人都认为这样的现实是无可避免的，也是成长的必然。但是我们的心可以脱离这样的现实。只要我们的心还年轻，我们就不会对现实失望，每天都能神采奕奕，不会感到疲惫不堪。

小张做业务员有几年了，他身边的同事走了一批又一批，只有小张一直留在自己的岗位上，今年的他已经荣升为业务经理，再也不用去跑业务了。但是他反而有点失落，因为生活轨迹发生了改变，他轻松了很多，赚的钱也更多，但是他却觉得自己越来越不快乐。

这样的生活持续了一段时间之后，他向上司请了年假，然后收拾背包去旅游。他回想自己曾经想要去的地方，一一筛选，最后发现，那些曾经向往的繁华都市现在反而不想去了。最终他并没有走远，只是带着帐篷到郊外去野营。

夜幕降临了，小张躺在草地上看星星，突然觉得很疲惫，仔细想想，自己还不到 30 岁，还是大好年华，为什么却觉得心越来越累，仿佛自己已经很苍老了呢？明明现在的工作和生活都是大学毕业的时候最向往的，为什么现在却没有了快乐的感觉了呢？

这一夜，小张失眠了，他想到自己几年来的奋斗，想到自己没日没夜地打拼，终于找到了答案。在大学时代，他希望能够在自己的岗位上做出一番成绩，证明自己；大学毕业之后，生活的压力让他只想找到一份比较赚钱的工作；当上业务员之后，他每天跟客户周旋，慢慢忘了原来的打算；生活稳定之后，他已经完全沉入欲海当中，随之沉浮；当一切拥有了之后，他才发现自己想要的不过是内心的平静和快乐……

其实，我们又何尝不是如此呢？因为只看眼前，不懂得照顾你自己的内心，所以心里的垃圾越来越多，心情越来越沉重。我们的人生就像是连绵起伏的高山，其实我们所要到达的永远是下一个山顶，不要总在一个山头哀叹人生，我们的人生之路还很长，想想身后的山，我们就有了动力。

不要贪恋眼前的一切，也不要过于执着远方的风景。我们的心和电脑一样，有一定的容量，该保留的保留，该删除的删除，不要将什么都收进眼底，记在心里，那会成为我们的负担。

适时地给心灵松松绑，挺胸抬头，沉静地迈出自信的步伐，迈向自己绚烂的前程吧。

3. 青春，就应该肆意绽放

理应光芒绽放的青春，为何不留下最美丽的回忆？

青春是一条曲折的河，没有人知道它要经过多少道弯才能最终入海；时光就如同流水，没有静止的一刻，无论是怎样的曲径，最终还是会看到广阔的大海。

岁月如斯，我们的青春转瞬即逝，有的人茫然，有的人恐惧，但无论怎样，该经历的都要经历，要过去的总会过去。想要看到最美的彩虹，就要经历狂风暴雨。

有人说，沙漠当中也会有小树生长，但是因为沙漠干旱缺水，所以小树的长势不会很好，树干总会扭曲地生长，表皮也不够光滑，但是，没有人会否认这是沙漠当中最美的风景。何惧成为沙漠当中的树呢？森林当中的树木固然苍翠美丽，但你未必会是最出众的那棵。理应光芒绽放的青春，为何不留下最美丽的回忆？

有的美丽注定要躲在困难之后，只有经历了苦难的你，才会用心去欣赏美丽的风景。既然会有风雨，那么就不如借用《海燕》当中的那句话——让暴风雨来得更猛烈些吧！

楚楚已经进入社会有几年了，现在的她是一个小店的老板。虽然她的小店还不足以打入国际市场，但在国内的一些省市当中已经有了一定的知名度。没有人相信，这个不过二十几岁的年轻女孩仅仅用了几年的时间就走到了这一步，且全凭自己的打拼。就连她的同学都不敢相信，曾经一无所有的她会变得如此富有。

毕业之后，楚楚曾和她的同学一样，四处投简历，努力地找工作。她的朋友们都将目标定在了大公司的白领阶层，而她却进入了一家专卖店，做起了导购。没有人明白她这样做的原因是什么，名牌大学的毕业生为什么要去做高中生都可以做的事情。虽然她说这是为了积累经验，实现自己开服装公司的梦想，但没有人能够理解。

第二年，她的朋友们有的升职，有的加薪了，而她则辞去了导购的工作，进入了一家服装厂当工人，一切又从零开始。楚楚的朋友们都劝她不要这样换来换去的，明明她都有机会荣升为店长了，在品牌服饰连锁店上班怎么也比服装厂强，但楚楚仍旧坚持……

几年的青春，当楚楚的朋友们在公司里拼命往上爬的时候，她却经历了更多的苦难，没有稳定的工作，也没有一个固定的居所，生活条件更是不用说了，可楚楚认为这是她成功路上的一部分。终于，她有了足够的资金可以盘下一个小店面，开始卖她喜欢的服装。她早出晚归，生活没有规律，但她仍然努力经营着。凭借着丰富的经验，她看市场的眼光很准，店里的生意越来越红火。后来，她聘请了一位设计师，也成立了自己的品牌公司，随着销量的不断上升，她的服装店也多了起来……

有人说创业需要资本，这没错，但你或许忽略了，年轻就是资本。我们有青春，有的是时间拼搏，有的是时间积累。不要去惧怕青春带给我们的风雨，相比之下，我们可以期待风雨过后的彩虹。

青春是拼搏，是追逐，不要沉浸在青春附带的那些晦涩当中，抬头迎接风雨吧，即便雨水滴到眼睛里，请将它擦拭掉，笑对人生，迎接青春的绽放。

4. 勇敢迈出你的脚步

失败并不一定是我们人生的结局，没有过不去的沟壑，
只怕没胆量迈出的脚步。

对于我们来说，最需要的是得到肯定，最恐惧的，无非是失败。因为我们总会在失败中挣扎哭泣，失败就像是对不自信的人们的嘲笑，是我们最不愿提起的回忆。但想一想曾经的失败，我们就会发现，即便我们当时沉溺于苦痛当中，但生活仍要继续。人生需要失败的点缀，它就像是我们人生当中独特的音符。

第一次摔跤、第一次考试失利、第一次失恋、第一次创业失败……我们的人生当中有很多第一次，有第一次成功的喜悦，同样，也有第一次失败后的难过。没有尝过苦，不能切实体味到甜的滋味。成长路上需要失败，只有失败才能让我们的人生趋于完美，才能让我们认识到成功。

失败并不一定是我们人生的结局，没有过不去的沟壑，只怕胆量迈出的脚步。如果你在困难面前一蹶不振，那么就会注定永远失败。其实，生活很简单，它不是你死我活的战场，我们也不必怀着不成功则成仁的决绝。失败不是什么大不了的事情，只是我们人生长河中的一朵浪花而已。

在人生的旅途当中，我们不知会摔多少跟头，也不知已经摔了多少跟头。我们因为年轻，所以敢于拼搏，即便受了伤，也可以马上振作起来，或许你都不记得自己为什么摔倒，或是在哪里摔倒的了。受伤难道是我们唯一的记忆吗？我们换个角度想一想，我们摔倒的原因是什么呢？难道不是生活给我们提了一个醒吗？让我们及时看路，及时改变方向，避开更大的灾难，从而更接近成功。

在上大学的时候，他就开始进行社会实践了，他想要尽快闯出一番自己的天地。和朋友们找工作实习不同，他想干的是属于自己的事业。为此，他跟家里要了一笔钱，作为自己的创业基金。刚开始，他进了一些货物卖，但是他没有什么经验，又缺乏市场洞察力，生意冷淡。最后别说赚钱，就连本钱都赔了进去。不过他认为这只不过是自己没什么经验而已，下次一定会更好。在这次失败过后，他并没有沉浸在痛苦中，反而是很快地振作了起来。

很快，毕业的季节来临了。对于他来说，这是他梦寐以求的时刻，因为他终于能放开手脚去拼搏了。他的家人给予他精神支持的同时，也给予了他物质支持。有了启动资金，就不愁生意做不起来。虽然家中建议他先观察市场，多了解了解再去做，但是他等不及，还是出手了。这次的结果和他第一次创业一样，还是以失败告终。

但是两次打击也不能毁灭他开创事业的决心。这次他断了自己的后路，不再跟家里要钱，而是向朋友借钱，重新开公司。他不相信，自己这么优秀，生活会一直这样拿他开涮。可是结果仍旧是失败……一次次的挫折都没有将他打垮，他一次次地振作起来，但是他的生活和生意没有丝毫改变，唯一改变的就是他债务的数字。

后来他实在想不通，就找到了大学时代的导师，向他倾诉。他对导师说:"我实在想不通为什么,我已经非常努力了,但生活一再捉弄我。每当挫折来临的时候,我都告诉自己我还可以振作,但是生活没有给我一丝回报!再这样下去我真的不知道我还能坚持多久……"

他的导师听完后没有马上发表意见,而是给他讲了一个自己的经历。他说:"我年轻的时候曾经喜欢四处旅游。有一次,我徒步走到了一片草原中。那里鲜有人烟,牧草生得非常茂密。当时是下午,我想要快点走出草地,找到一个落脚地。在我走了一段路之后,不知道被什么绊了一下,摔了一个大跟头。不过我没有在意,因为我很着急,所以我马上站起来继续前进。但是没走多远,我又摔倒了。这个跟头摔得很疼,同时也让我意识到了一件事情,这是一片草地,没有树根的牵绊,我为什么会摔倒呢?等我仔细观察才发现,绊倒我的是一个草环,而且周围有很多,让我想不到的是,这些草环勾勒出了一个轮廓,而在这些草环中央是一片沼泽,那正是我要通过的地方……"

听完导师的话,他若有所思。在那之后,他静待了一段时间,没有急于创业。在他周围的人以为他一蹶不振的时候,他厚积薄发,重新开起了公司,而且短短的几年时间就让公司走上正轨,他终于成就了自己的事业。

回望前路,你跌倒后做了些什么呢?是迅速地振作起来重新前进吗?受挫是必然的,振作也是应该的,但是在振作之前,我们应该先收集一些对我们有益的信息和经验,这样才有利于我们重新出发。

戴尔·卡耐基事业刚起步的时候,在密苏里州举办了一个成年人教育班,并且陆续在各大城市开设了分部。他花了很多钱做广告宣传,房租、日常用品等办公开销也很大,但一段时间后,他发现数月的辛苦劳动竟然连一分钱都没有赚到。卡耐基很苦恼,他结束了这一切,并且整日闷闷不乐、神情恍惚。

这种状态持续了很长一段时间后,卡耐基找到了老师乔治·约翰逊。"失败有什么?让你更清楚地看清自己罢了!"老师的一句话意味深长,令卡耐基顿悟,于是,他开始静静地思考自己存在什么问题,工作是不是需要改善……一番思索后,他改变了成人教育的研究方向,致力于人性问题的研究。经过一段时间的努力,卡耐基开创出了一套独特的融演讲、推销、为人处世、智能开发于一体的成人教育方式,他的著作《沟通的艺术》《人性的弱点》等出版后,立即风靡全球。

从这个故事中我们可以感受到,尽管失败使我们痛苦,但经受失败没什么大不了,只要我们能够积极一点、乐观一点,善于从失败中学习,不断地总结失败的教训,并不断告诫自己,下次绝不可犯此类错误,重整旗鼓、从头再来,那么就能一步步走出失败的阴影,收获成功的阳光。

失败并不是什么可耻的事情,不要不敢面对。青春无敌,没有什么是我们面对不了的。我们未来的路还很长,一时的失败并不能将我们的整个人打入地狱。坚持下去,告诉自己,这只不过是一时的失败而已,不要时时刻刻都暗示自己"我已经失败了",这只能让自己跌入永不翻身的深渊。

想得简单一点,不过是失败而已,这是在为人生积蓄力量,下一步我们就该向上走了。让我们汲取教训,抛却负担,轻装上阵,走向成功的彼岸吧!

5. 微笑，是这个年纪该有的表情

不论遇到怎样的困难，只要我们笑脸相迎，

最终就能战胜悲痛，战胜一切。

俗话说得好："困难像弹簧，你弱它就强。"其实这句话还有一句，就是"你强它就弱"。世界上的很多事物都是此消彼长的，我们对困难示弱的时候，它们就会越来越猖狂，蔓延滋生，给予我们更多的痛楚，但是，如果我们以笑容面对它们，那苦难便不能带给我们任何的影响，它们也只能灰溜溜地离开。

苦难不会给予弱者同情，更不相信眼泪，它们只会屈服于强者的征服。或许跨过沟壑很难，但是动一动嘴角笑一笑有什么困难的呢？微笑就像是一种魔法，可以驱除眼前的苦痛，让坚强回到我们身边。

在磨难面前，我们要学会给自己打气，看到希望之光，这样痛苦就会减弱。

小唐是一个年轻向上的女孩，她美丽，充满了青春的朝气，一切对于她来说都充满了希望，人们总能看到小唐的身上绽放着一种光芒。而小唐也因此而吸引了很多男孩的目光。其中有一个男孩追她追得热烈，总是做出很多浪漫的事情，比如冬天的早上买好早点等在她的宿舍楼下，经常给她一些惊喜。在连续不断的攻势之下，小唐成为了爱情的俘虏。

两个人在一起是甜蜜的，小唐的朋友总说小唐变得越来越漂亮了。转眼毕业的时间到来了，大家面临着分别，很多情侣也面临着两地相隔，有的尝试远距离恋爱，有的选择了分手。小唐是幸福的，因为她的男朋友选择和她去同一个城市。

当然，生活当中只有爱情远远不够，两个人为了自己的未来努力找工作。他们进入了不同的公司。小唐性格开朗，工作认真负责，很快就加薪升职；相比之下，她的男友工作不是很顺利，两个人之间的落差越来越大，终于她的男朋友接受不了"女强男弱"，和小唐分手了。

这对小唐来说是个非常大的打击，她终日愁眉不展，工作也频频出问题。这让小唐觉得人生没有了希望，有一天，小唐照镜子发现自己竟然像一个上了年岁的妇女一样，下坠的眼袋，蜡黄的肤色，有些混沌的眼睛，她都快不认识自己了。

小唐沉浸在深深的悲伤中，觉得人生失去了意义。有一天，她正在公司工作的时候，突然感到了地动山摇，这时不知是谁大喊了一声"地震了"，人们才反应过来往外跑。小唐运气不够好，在逃生的时候被掉落下来的水泥压住了腿。钻心的痛楚袭来，但是小唐无暇顾及，因为她不能晕过去，也不能睡着，要等待救援。

就是在这个时候，小唐才意识到自己有多么想要活下去。地震过后，小唐获救了，但她永远地失去了左腿。但是让人想不到的是，小唐变回了原来的样子，微笑待人。当她的朋友为她的改变惊叹的时候，小唐对朋友说："当我被水泥压住的时候，我发现，在我的求生欲面前，疼痛根本就微不足道，我想人生应该就是这样吧，只要看到希望，我就能微笑，任何苦难都没有办法伤害到我了。"

当我们从痛苦当中找到希望的种子时，喜悦会充满我们的心，我们的嘴角会不自觉地上扬，这时一切苦难都会变得微不足道。

小唐就是领悟到了这个真谛，所以才能笑对残缺的躯体，度过圆满的人生。微笑是最简单的身体语言，但也是最有力的语言，记住，不论遇到怎样的困难，只要我们笑脸相迎，最终就能战胜悲痛，战胜一切。

既然人生总会有苦难，那么我们就要学会将痛苦转化成微笑，微笑是我们这个年龄该有的表情，也是青春最美的妆容。

6. 稀释一下，痛苦就会减轻

在痛苦来临的时候，我们要懂得稀释。

你只看到了玫瑰的娇艳，却忽视了它浑身是刺的寂寞；你只闻到了丁香的芬芳，却不晓得它的叶子苦涩得吓人。

要知道，叶子是花的一部分，没有叶子苦涩的养料，也开不出美丽的花朵。

造物主是公平的，他给予了你多少，就会要你付出多大的代价。同样地，预先降临的灾难、苦痛，是给予你灿烂未来的前提。就像《西游记》当中师徒四人的取经路一样,九九八十一难是注定的,少一个都不行。只有历经艰辛的人才知道甜是什么滋味,才有资格感受成功。在苦痛面前有什么不能释然的?想想未来的辉煌,眼前的苦痛就算不了什么了。

从前,在山上有一间木屋,在木屋里住着一个教书先生,还有几名学生。其中的一名学生被亲生父母抛弃了,因为父亲欠债,他的父母连夜逃跑,将他一个人丢下了。先生收养了他,他和先生住在一起。

每到放学的时候,看着自己的伙伴们被父母接走,这个学生的心中就充满了不平。他不止一次向先生诉苦、抱怨,他说:"为什么上天偏偏对我这么不公平?我没有做什么坏事,而我的父母竟然抛弃了我!我从来没有不听话,也没有在他们面前任性过,但他们竟然不要我了。为什么这种事情要降临在我身上?为什么我朋友的父母那么爱他们,我却有这样的遭遇呢?先生,我的忍耐快到极限了,被抛弃的痛苦时时刻刻萦绕在我心中,我都快窒息了。求求您告诉我,我要怎么做?"

看着自己的学生越陷越深,先生终于给了他一个答案。他从厨房拿来两罐盐,然后让学生拿来一杯水。

先生笑了笑,将一小罐盐全部放到了这杯水中,让学生尝一口。学生愁眉苦脸地抱怨道:"又咸又涩,还很苦。"先生抚了抚胡须,带着学生下山了。他们走过一片湖水的时候,他让自己的学生将另一罐盐倒入湖中,然后尝尝湖水的味道。学生现在嘴里还是苦涩异常,喝了一口湖水,顿觉清凉。

先生告诉学生:"人生也是如此,如果你把挫折和痛苦稀释了,那么就会看到光明的未来。"

所以，在痛苦来临的时候，我们要懂得稀释。痛苦中蕴藏着珍贵的经验，让我们的未来开出绚丽的花。

7. 梅花香自苦寒来

蝴蝶没有经历痛苦的折磨，就无法获得新生。

痛苦让人委屈，但从古到今，无数名言俗语都曾歌颂过痛苦，比如："在任何情况下，遭受的痛苦越深，随之而来的喜悦也就越大。""极度的痛苦才是精神的最后解放者，唯有此种痛苦，才强迫我们大彻大悟。"这些话都间接说明了，痛苦是生命中的宝贵财富。不过，别人的经历永远都是别人的，如果你不曾经历过痛苦的煎熬，就永远无法明白那些话的真正含义。

破茧成蝶的过程我们都不陌生，如果没有经历过蜕变的痛苦，那么蝴蝶就不能展翅而飞。蜕变是它必经的一个成长过程，在这个过程当中，它或许会经历难以忍受的痛楚，但在那之后，它也能看到最美的自己。

蝴蝶没有经历痛苦的折磨，就无法获得新生。

美国心理卫生专家指出："有十分幸福童年的人常有不幸的成年。"中国有一句谚语："穷人的孩子早当家。"两句话其实有异曲同工之妙。都透露出这样一个道理：经历过煎熬才能有所建树，吃不了苦只能被优胜劣汰的生活打败。

人类总是理所当然地认为自己比动物聪明，但是动物生存的智慧，却常常值得我们人类学习，比如长颈鹿。

    小长颈鹿出生后，它的妈妈不会像其他动物那样，立即舔净它身上的羊水或其他东西，而是低头仔细弄清楚它掉落的位置。大约一分钟后，长颈鹿妈妈会做出一件让人意想不到的事情，就是抬起壮实的长腿，踢向自己的孩子，让它在翻了一个跟斗后，将四肢摊开。如果小长颈鹿不能站起身，长颈鹿妈妈会不断重复这个粗暴的动作。

    为了不再挨踢，小长颈鹿会努力着站起来，但毕竟是新生儿，它会因为力气不够而停止努力。此时，长颈鹿妈妈会毫不留情地再次踢向它，迫使它继续努力，直到它终于颤抖着双腿站起身来。然而，在这个时候，长颈鹿妈妈会再次做出惊人之举——又一次把小长颈鹿踢倒！

    为什么长颈鹿妈妈会对自己的孩子做出如此残忍的事情呢？原因就在于，它爱自己的孩子，它要让小长颈鹿记住自己是怎么站起来的。在危机四伏的荒野中，狮子、猎豹、土狼等食肉动物都喜欢猎食小长颈鹿，小长颈鹿只有学会以最快的速度站起来，才能避免自己与鹿群脱离，才能保证不让自己成为"猎手"们的口中之食。

    长颈鹿妈妈的残酷行为，恰恰是对孩子的保护，如果它不"残忍"，小长颈鹿就不能很快地站起来，站不起来，等待它的就可能是灭顶之灾。

    以上片段是《动物园观察》中的一段内容，小长颈鹿一出生就被妈妈踢打，这是件很委屈、很痛苦的事，但若不经历这种委屈和痛苦，就无法在大自然中生存。这段文字告诉我们，经历过煎熬才能成长，安逸的生活会让我们在挑战来临时快速地被打败。

    青松受尽风吹雨打，最后茁壮生长于苍山之上，温室里的花朵灼灼其华，却因为被保护得太好而异常娇嫩柔弱，它们一旦失去良好的生存环境，就会迅速枯萎、凋零。所以，我们要主动去经历煎熬，让痛苦和委屈成为帮助自己蜕变的动力。

8. 人生，是你自己拼来的

在充满苦难的生命中，没有过不去的坎儿，只有过不去的心。

不幸的生活会让人感到委屈和沮丧，但委屈和沮丧之后，不要忘记努力地去和不幸抗争。没有人能解救我们，真正能把我们从不幸中解救出来的只有自己。正所谓自救者，天助之，我们要努力地抗争，以获取幸福。

不要高估不幸，也不要低估自己的承受力。很多时候，我们的承受力远远超出我们的想象。在充满苦难的生命中，没有过不去的坎儿，只要你怀有一颗永不放弃的心，你就一定会战胜苦难，过上幸福的日子。

那些将不幸打败，并最终走向平坦大道的人会告诉你：不幸并没有那么难以打败，只要在不幸中坚持对美好生活的向往，学会坚强，我们就会脱离困境，将自己解救出来。

约翰出生于一个非常贫寒的家庭，他的父亲曾经做过面包师和麦芽制作工，因生意被人挤垮而发了疯。那时候的约翰还是个孩子，面对突如其来的不幸，他感到很委屈、很无助，但并没有因此而堕落。

小小年纪，约翰就去叔叔家的酒店干活了，他像个大人一样，帮着伙计装酒、上瓶塞、储存葡萄酒。辛辛苦苦干了五年后，他突然被他叔叔逐出门。此时，他兜里只有几个硬币的他，硬生生熬过了七个漂泊不定的年头。

孤苦伶仃，没有任何依靠的约翰，在他人生中最青葱的年华里，经历了种种委屈。没有人能够帮他，能够帮助他的只有自己。被叔叔赶出门后，他没钱坐车，便徒步走到了巴恩，在那里找到了一份擦鞋的工作，赚了些路费后，他又去了大城市伦敦。

在伦敦，他身无分文，衣服也是破烂不堪的，根本无法保暖。后来，被饿得面色发紫的他终于在伦敦酒店找到一份管酒窖的工作。工作很辛苦，每天要从早上7点工作到晚上11点，并且要一直闷在漆黑的酒窖里。长时间过度地劳累影响了约翰的健康，但他并没有因此就懒惰下来。为了摆脱穷困的命运，约翰一有时间就读书写字，由于他住的地方十分寒冷，他又没钱买炉子，所以一到晚上就不得不蜷缩在被子里看书。

后来，他开始从事律师的工作，这份工作相对轻闲些，工资也比以前高。他在工作之余，会抽空去逛书摊，如果买不起书，就站在那里看，这种方法使他积累了很多知识。又过了几年，他换了一家律师事务所，工资也涨了些，但他仍然坚持看书，并尝试写作，最后终于成了当地小有名气的作家。

约翰用自己的坚强和勇敢战胜了困难，将人生的画卷绘制得多姿多彩。上天没有赐予他好的出身、好的家庭，但却磨炼了他坚强的意志，使他有了不认输的倔强个性，这足以让他受益一生。

巴尔扎克说过，"不幸对于懦夫是万丈深渊"。在这个世界上，没有人想做懦夫，那么，就让我们以坚强的意志勇敢面对困难，用自己的双手改变自己的命运，让自己获得幸福。

图书在版编目（CIP）数据

等来的命运，拼来的人生 / 浩宇著 .—北京：中国华侨出版社，2016.8

ISBN 978-7-5113-6259-9

Ⅰ.①等… Ⅱ.①浩… Ⅲ.①人生哲学 – 通俗读物 Ⅳ.① B821-49

中国版本图书馆 CIP 数据核字（2016）第 207831 号

等来的命运，拼来的人生

| 著　　者 / 浩　宇
| 责任编辑 / 文　蕾
| 责任校对 / 高晓华
| 经　　销 / 新华书店
| 开　　本 / 670 毫米 × 960 毫米　1/16　印张 /17　字数 /226 千字
| 印　　刷 / 北京建泰印刷有限公司
| 版　　次 / 2016 年 10 月第 1 版　2016 年 10 月第 1 次印刷
| 书　　号 / ISBN 978-7-5113-6259-9
| 定　　价 / 32.00 元

中国华侨出版社　北京市朝阳区静安里 26 号通成达大厦 3 层　邮编：100028
法律顾问：陈鹰律师事务所
编辑部：（010）64443056　　64443979
发行部：（010）64443051　　传真：（010）64439708
网　址：www.oveaschin.com
E-mail：oveaschin@sina.com